全国电力行业"十四五"规划教材

U0186087

输电线路工程系列教材

土力学与杆塔基础设计

编著　张新春　江文强

主审　王璋奇

中国电力出版社
CHINA ELECTRIC POWER PRESS

内 容 提 要

本书为全国电力行业"十四五"规划教材。

本书以《架空输电线路基础设计规程》（DL/T 5219—2023）为主线，结合相关规程规范及电力工程设计手册，同时融入国内外相关教材中的优质资源，系统地介绍了土力学与输电杆塔基础设计知识。

本书共9章，主要内容包括土的物理性质与工程分类、地基土中应力计算、杆塔地基沉降量计算、土的抗剪强度与地基承载力、土压力理论及挡土墙结构、架空输电线路杆塔基础设计、输电线路典型基础设计算例、特殊地基条件下地基处理和基础设计等。书中附有典型计算例题及思考题。

本书可作为高等学校相关专业课程的教材，也可供从事输电线路杆塔基础设计、运行、检修等有关工程技术人员参考。

图书在版编目（CIP）数据

土力学与杆塔基础设计/张新春，江文强编著．—北京：中国电力出版社，2024.5
ISBN 978-7-5198-7544-2

Ⅰ.①土…　Ⅱ.①张…②江…　Ⅲ.①土力学②输电线路—线路杆塔—工程设计—中国
Ⅳ.①TU43②TM753

中国国家版本馆 CIP 数据核字（2024）第 052290 号

出版发行：中国电力出版社
地　　址：北京市东城区北京站西街 19 号（邮政编码 100005）
网　　址：http://www.cepp.sgcc.com.cn
责任编辑：牛梦洁（010-63412528）
责任校对：黄　蓓　李　楠
装帧设计：张俊霞
责任印制：吴　迪

印　　刷：北京九州迅驰传媒文化有限公司
版　　次：2024 年 5 月第一版
印　　次：2024 年 5 月北京第一次印刷
开　　本：787 毫米×1092 毫米　16 开本
印　　张：10.75
字　　数：264 千字
定　　价：35.00 元

前　　言

　　杆塔基础的质量直接关系到输电线路的安全运行。与民用建筑相比，杆塔基础在基础设计、施工和检测等方面明显不同。由于输电线路距离长，塔位沿线呈点状分布，沿途地形地貌及地质条件复杂多变，杆塔基础形式多样；同时地基基础工程具有高度隐蔽性，从而使得输电杆塔基础工程施工比上部结构更为复杂，更容易存在质量隐患。大量实践经验证明，输电线路工程质量问题多与地基工程有关，如何保证输电杆塔地基工程设计质量尤为关键。

　　本书以《架空输电线路基础设计规程》（DL/T 5219—2023）为主线，同时结合《架空输电线路锚杆基础设计规程》（DL/T 5544—2018）、《架空输电线路螺旋锚基础设计技术规范》（Q/GDW 10584—2018）、《建筑地基基础设计规范》（GB 50007—2011）、《冻土地区架空输电线路基础设计技术规程》（DL/T 5501—2015）、《沙漠地区输电线路杆塔基础工程技术规范》（DL/T 5755—2017）等规程规范和《电力工程设计手册：架空输电线路设计》编写而成。它是国内详细、系统地介绍土力学与输电杆塔基础设计的图书之一。

　　本书注重理论联系实际，突出学生能力培养，同时给出了典型杆塔基础设计例题讲解和思考题答案，可微信扫码获取，供学习时参考。

　　本书由华北电力大学张新春、江文强编著，在编写过程中，本书引用了编者近年来的一些研究成果，并参考、引用了其他专家的一些著作和教材。另外，刘南南、王金祝、张涛、尹啸笛、邹有云、杨萌涛、黄子轩和沈千烨等研究生也参与了本书的编写，提出了许多宝贵的意见，并为本书绘制了全部高质量的图表。本书在编写过程中得到了华北电力大学输电线路工程教研室各位领导和老师们的大量支持和帮助，在此一并表示衷心的感谢。

　　本书由华北电力大学王璋奇教授主审，并提出了许多宝贵建议。在此对王璋奇教授的辛勤工作和支持表示诚挚的感谢。

　　由于作者水平有限，书中难免存在错误或不足之处，敬请广大读者和同行们批评指正。

编　者

2023 年 10 月

目　　录

第 1 章 绪 论

1.1 概 述

土是各类岩石经风化、剥蚀、搬运和沉积等物理、化学、生物作用，在地壳表面形成的各种散粒堆积物。它是由一定的材料组成，且存于一定地质环境中的特殊多孔介质，具有散体性、多相性和自然变异性等特性。土一般是由固相、液相和气相组成的三相体系。固相是土的主要成分，称为土的固体骨架。土颗粒间的孔隙可被液体或气体填充。当完全被水充满时，土颗粒之间的联系微弱，联结强度远小于颗粒本身强度；当完全被气体充满时，则形成二相体系的干土，其性质有的松散，有的坚硬。因此，土的特性决定了土具有较大的渗透性和可压缩性，以及较小的抗剪强度。

土力学（Soil mechanics）是用力学的基本原理和土工测试技术，研究土的物理化学、力学性质以及土体在荷载、水、温度等外界因素作用下工程性状的应用科学，属于工程力学的一个分支，也是本课程的理论基础。由于土具有复杂的地质成因和工程特性，因此目前在解决土木工程问题（尤其特殊地质条件下的地基土，如盐渍土、湿陷性黄土以及冻土等）时，尚不能像其他力学学科一样具备系统的理论和严密的数学公式，而必须借助工程经验、现场试验以及室内试验并辅以数值分析和理论计算。所以，土力学是一门依赖于工程实践的学科。

近年来，随着国民经济的持续增长，电力行业发展迅速，同时也推动了输电线路工程的快速发展。但由于输电杆塔结构的修建，土体在建筑物本身及外部荷载作用下，其原有地层的应力状态会发生改变。工程中将受建筑物影响，从而引起力学性质发生变化的那一部分地层称为地基（Subsoil）。所以地基就是承担上部结构荷载影响的那一部分土体或岩体。与地基接触的建筑物下部结构称为基础（Foundation）。基础位于上部结构和地基之间，其作用是将建筑物上部结构的荷载分布开来并传递到地基中去。因此，地基为支撑基础的土体，基础则为建筑物结构的重要组成部分。

当地基由两层及以上土层组成时，通常将直接与基础接触的土层称为持力层，持力层以下的部分称为下卧层。铁塔结构、基础和地基三者的相互关系如图 1-1 所示。

地基分为天然地基和人工地基两类。如果不需要对地基进行处理就可以直接放置基础的天然土层称为天然地基；如果天然土层的土质过于软弱或具有不良的地质条件，

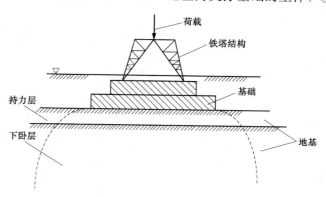

图 1-1 铁塔结构、基础和地基示意图

需要采用人工加固或处理后才能修建的地基称为人工地基。目前，国内架空输电线路杆塔常

用的基础形式主要有开挖回填土基础和原状土基础两大类。开挖回填土基础是将基础埋设于预先开挖好的基坑内，然后用土体回填并将土体进行夯实的基础。它是以扰动的回填土构成抗拔土体保持基础的上拔稳定性。开挖回填土基础主要包括混凝土台阶式基础、钢筋混凝土板式基础、装配式基础、联合式基础和拉线基础等。原状土基础是利用机械（或人工）在天然土（岩）中直接钻（挖）成所需要的基坑，然后将钢筋骨架和混凝土直接浇筑于基坑内形成的基础。原状土基础主要包括掏挖基础、岩石基础、灌注桩基础、螺旋锚基础和微型桩基础等。原状土基础由于减少了对土体的扰动，能充分发挥地基土的承载能力，可大幅度地节约基础材料和施工费用，因此，在架空输电线路工程中得到广泛应用。

输电杆塔基础必须保证杆塔在各种受力作用下不倾覆、不下沉和不上拔，使线路安全可靠、耐久地运行。为了保证输电杆塔结构的正常使用，在进行地基与基础设计时应满足以下三个原则：①强度条件，即要求作用于地基上的荷载设计值不应超过地基承载力；②变形条件，即输电杆塔基础沉降量不应超过地基变形容许值；③上拔和倾覆稳定性条件，即输电杆塔的基础应满足上拔和倾覆稳定性的要求。

1.2　输电杆塔基础的特点

输电线路塔位沿线呈点状分布，地形地貌及地质情况复杂多变，杆塔基础在服役过程中承受拉力和压力交替荷载变化的同时，也承受较大的水平荷载作用。受地形、地质、运输等条件限制，山区大型施工设备和机械难以进入施工现场，故一些地区主要靠人工施工。影响输电线路基础设计的主要因素包括地质条件和基础作用力。与民用建筑相比，输电杆塔基础的特点主要表现在以下几个方面。

1.2.1　作用荷载不同

输电杆塔基础主要采用独立基础、装配式基础和桩基础，由于输电杆塔属于高耸结构，与地面具有独特的接触形式，使作用于塔身上的风荷载和导地线张力在基础上转化为上拔力、下压力和水平力，杆塔基础就其受力而言属于双向偏心受力结构。输电杆塔基础的稳定性及承载力计算，有着独特的分析和设计方法。输电杆塔基础必须要考虑上拔稳定性计算，这是不同于民用建筑基础的一大特点。

1.2.2　适用范围不同

与民用建筑不同，输电杆塔基础在基础设计、施工以及运行检修等方面有着明显的差异。

（1）输电线路工程最大的特点是线路距离长，沿途地形地貌、气候条件以及地质因素等明显不同，沿线地基土或岩体的力学性质变化多样。受环境因素的影响，不同岩土体的工程特性变化规律给杆塔基础稳定性造成的影响也不同。

（2）由于线路距离长，基础设计时考虑因素较多，需满足线路中不同地形和地质条件的要求，如山地、丘陵、河流、梯田、古迹、采空区等地形的影响，以及湿陷性黄土、季节性冻土、盐渍土、风积沙沙漠地区等特殊土地基条件的处理。

（3）在线路经过的山区及软土地带的山坡、沼泽、河滩等特殊地区，大型施工机械无法进入，施工设备、材料运输以及开挖基础都十分困难，大多数的输电杆塔通常位于高山、荒野等人烟稀少的地方，因此施工环境和施工特点都存在一定的特殊性。

1.3　输电杆塔基础设计术语

根据现行国家电力行业标准《架空输电线路基础设计技术规程》（DL/T 5219—2014），输电杆塔基础设计所采用的术语是主要术语及解释如下。

（1）原状土基础。利用机械（或人工）在天然土（岩）中直接钻（挖）成所需要的基坑，将钢筋骨架和混凝土直接浇筑于基坑内而形成的基础。通常指岩石基础、掏挖基础、螺旋锚基础和桩基础等。

（2）开挖回填土基础。将基础埋设于预先开挖好的基坑内，然后用土体进行回填并对土体进行夯实的基础，以扰动的回填土构成抗拔土体保持基础的上拔稳定性。通常指混凝土台阶式基础、钢筋混凝土板式基础和装配式基础等。

（3）混凝土台阶式基础。基础底板的台阶高宽比不小于1.0，基础底板内不配置受力钢筋的混凝土基础。

（4）钢筋混凝土板式基础。基础主柱和底板内均配置受力钢筋，其底板台阶宽高比不小于1.0（不宜大于2.5）的钢筋混凝土基础。

（5）岩石基础。通过水泥砂浆或细石混凝土在岩孔内胶结，使锚筋与岩体结成整体的岩石锚桩基础或利用机械（或人工）在岩石地基中直接钻（挖）成所需要的基坑，将钢筋骨架和混凝土直接浇筑于岩石基坑内而成的岩石嵌固基础。

（6）斜柱式基础。基础主柱与铁塔塔腿在 x 轴和 y 轴坡度均一致的台阶式或板式基础。

（7）联合式基础。铁塔四个基础主柱用一个底板连成整体的基础。

（8）装配式基础。用两个或两个以上预制构件拼装组合而成的基础。

（9）重力式基础。输电杆塔基础抗拔稳定性主要靠基础自身的重力，并且重力大于上拔力的基础。

（10）原状抗拔土体。处于天然结构状态的黏性土和经夯实后达到天然密实状态的砂类回填土。

（11）预制基础。采用工厂化一次性预制而成的基础，如电杆的底盘、拉盘和卡盘等。

（12）掏挖基础。将钢筋骨架和混凝土直接浇入人工掏挖成型的土胎内一次浇筑成型的基础。

（13）半掏挖基础。基础底板在原状土内掏挖，掏挖部分以上按普通基础开挖回填而成的基础。

（14）不等高基础。在一基塔的基础中某一个腿的基础，其主柱露出设计基面线的高度与其他腿基础不同时，称该铁塔的基础为不等高基础。

（15）桩基础。由基桩和连接于桩顶承台共同组成的基础，桩基础分为单桩基础和群桩基础。

（16）螺旋锚基础。由钢筋混凝土承台或钢结构连接装置与螺旋锚组成的输电杆塔基础。由锚杆、锚盘和锚头共同组成，螺旋锚基础可分为单锚基础和群锚基础。

（17）偏心基础。上部传力方向与基础底板重心之间有个偏心距的基础。

（18）混凝土结构。以混凝土为主要材料制成的结构，包括素混凝土结构、钢筋混凝土结构和预应力混凝土结构。

（19）素混凝土结构。无筋或不配置受力钢筋的混凝土结构。

（20）钢筋混凝土结构。配置受力普通钢筋的混凝土结构。

（21）现浇混凝土结构。在现场原位支模并整体浇筑而成的混凝土结构。

（22）混凝土保护层。结构构件中钢筋外边缘至构件表面范围用于保护钢筋的混凝土层（简称保护层）。

（23）锚固长度。受力钢筋依靠其表面与混凝土的黏结作用或端部构造的挤压作用而达到设计承受应力所需的长度。

（24）基础根开。相邻或对角两基础中心间的距离，通常是指铁塔角钢与角钢的距离或地脚螺栓间的距离。

第 2 章 土的物理性质与工程分类

2.1 概 述

在天然状态下，土体一般由固体颗粒、水和气体所组成的三相体系。土中固体颗粒（简称土粒）的矿物成分各异，使土粒间的联结作用明显不同，土粒还可能与周围的水发生一系列复杂的物理和化学作用。因此，土粒的大小、成分及三相之间的比例关系，反映出土具有不同的物理性质，比如干湿、轻重、松密及软硬程度等。土的物理性质还与力学性质（包括强度、压缩性和渗透性等）有密切关系，并在一定程度上决定着其工程性质。

在处理输电杆塔地基问题和进行土力学计算时，不仅要清楚土的性质及其变化规律，还必须掌握土的物理性质的各种指标测定方法和指标间的换算关系。土的性质主要是指土的物理性质和力学性质。土的物理性质包括土的三相比例指标、无黏性土的密实度和黏性土的稠度等。土的力学性质包括土的压缩性、土的抗剪性和土的击实性等。

本章主要介绍土的组成及其结构与构造、土的三相比例指标、无黏性土的密实度、黏性土的稠度、土的压实原理以及地基土（岩）的分类。

2.2 土的三相组成及土的结构

土是固体颗粒（土粒）、水和气体三部分组成的，单位体积中土的三相比例不是固定不变的，而是随外界环境（压力、温度、地下水）改变而变化的，比如下雨时土的含水率增加，黏性土会变软。因此研究土的性质首先要研究构成土本身的三相性质，以及其含量和相互作用对土的物理力学性质的影响。

2.2.1 土的固体颗粒

土粒的大小、形状、矿物成分和颗粒级配对土的物理性质有明显影响。

1. 土粒的矿物成分

（1）原生矿物。原生矿物是指岩石经物理风化作用形成的碎屑物，其成分与母岩相同。一般较粗颗粒的砾石、砂等都是由原生矿物组成。这种矿物成分的性质比较稳定，由其组成的土具有无黏性、透水性较大和压缩性较低的特征。

（2）次生矿物。次生矿物是由原生矿物经过风化后形成的新矿物，如三氧化二铝、三氧化二铁、黏土矿物以及碳酸盐矿物等。次生矿物性质较不稳定，具有较强的亲水性，遇水易膨胀，次生矿物的水溶性对土的性质有重要影响。

黏土颗粒的亲水性与胶体的电化学性质相似，所以黏土颗粒又称为胶粒。在黏土颗粒粒组中还包括氢氧化物、盐类，这些物质还能起到颗粒与颗粒之间的胶结和固化作用，使土的骨架具有一定的强度。例如我国西北的黄土，颗粒成分为粉土，但胶结物为碳酸盐，这种土干燥时强度很高，可以形成很陡的边坡，但浸水时由于碳酸盐的软化或溶解，土的结构破坏、强度丧失，压缩性增加，使这类土具有"湿陷"的特性。

（3）有机质。岩石在风化以及风化产物搬运、沉积过程中，常有动植物残骸及其分解物质参与沉积，成为土中有机质。如果土中有机质含量过多，土的压缩性会增大，含量超过3%～5%的土不宜作为填筑材料。

2. 土的颗粒级配

自然界中土的颗粒都是由大小不同的土粒所组成，土的粒径发生变化，其主要性质也发生相应改变。土的粒径从大到小，可塑性从无到有，黏性从无到有，透水性从大到小。为了说明天然土颗粒的组成情况，不仅要了解土粒的粗细，还要了解各种颗粒所占的比例。把工程性质相近的土粒合并为一组，称为粒组。如表2-1所示，给出《土的工程分类标准》（GB/T 50145—2007）中土粒粒组的划分方法。根据界限粒径200mm、60mm、2mm、0.075mm和0.005mm把土粒分为六大粒组：漂石（块石）、卵石（碎石）、圆砾（角砾）、砂粒、粉粒和黏粒。

表 2-1 土粒粒组的划分

粒组统称	粒组名称		粒径 d（mm）	一般特征
巨粒	漂石或块石		$d>200$	透水性很大，无黏性，无毛细水
	卵石或碎石		$60<d\leqslant200$	
粗粒	圆砾或角砾	粗	$20<d\leqslant60$	透水性大，无黏性，毛细水上升高度不超过粒径大小
		中	$5<d\leqslant20$	
		细	$2<d\leqslant5$	
	砂粒	粗	$0.5<d\leqslant2$	易透水，当混入云母等杂质时透水性减少，而压缩性增加；无黏性，遇水不膨胀，干燥时松散，毛细水上升高度不大，随粒径变小而增大
		中	$0.25<d\leqslant0.5$	
		细	$0.075<d\leqslant0.25$	
细粒	粉粒		$0.005<d\leqslant0.075$	透水性小，湿时稍有黏性，遇水膨胀小，干时稍有收缩，毛细水上升高度大，易出现冻胀现象
	黏粒		$d\leqslant0.005$	透水性很小，湿时有黏性、可塑性，遇水膨胀大，干时收缩显著；毛细水上升高度大，但速度缓慢

为了表示土中各粒组的搭配情况，工程中常用土中各粒组的土粒质量占土粒总质量的百分数来表示，称为土的颗粒级配。土的颗粒级配是决定无黏性土工程性质的主要因素。确定各粒组的相对含量，常用试验方法有筛分法和密度计法两种。

（1）筛分法。筛分法适用于粒径大于0.075mm，而小于或等于60mm的粗颗粒土。它利用一套孔径由大到小的筛子，筛子的孔径分别为60mm、40mm、20mm、10mm、5mm、2mm、1mm、0.5mm、0.25mm和0.075mm，将按规定方法取得的一定质量的烘干土样放入依次叠好的标准筛中，置振筛机上振摇10～15min后，称出留在各级筛上的土粒的质量，按下式计算出小于某土粒粒径的土粒含量百分数 X（%），即

$$X=\frac{m_i}{m}\times100\% \tag{2-1}$$

式中：m_i 为小于某粒径土粒的质量；m 为试样总质量。

（2）密度计法。密度计法适用于土粒粒径小于0.075mm的土。密度计法的主要仪器为

密度计和容量为 1000mL 的量筒，它是利用不同大小的土粒在水中的沉降速度不同来确定小于某粒径的土粒含量的方法。

　　根据颗粒分析试验，绘制土的颗粒级配曲线，如图 2-1 所示。由于土体中粒径往往相差很大，为便于绘制，将粒径坐标用对数坐标表示。从累计级配曲线可以得到各粒组的相对含量，级配曲线的坡度可以判断土样中所含颗粒大小的均匀程度。如曲线较陡，表示土样所含土粒粒径范围窄，土粒大小较均匀，称为级配不良的土。曲线平缓则表示土样中所含土粒粒径范围广，粒径大小颗粒都有，较大颗粒间的孔隙被较小的颗粒所填充，土的密实度较好，称为级配良好的土。

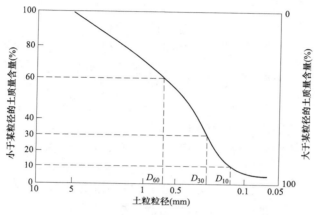

图 2-1　土的颗粒级配曲线

　　为了定量反映土的级配特征，工程上常用不均匀系数 K_u 和曲率系数 K_c 两个级配指标来描述，即

$$K_u = \frac{D_{60}}{D_{10}} \tag{2-2}$$

$$K_c = \frac{D_{30}^2}{D_{10}D_{60}} \tag{2-3}$$

式中：D_{10}、D_{30} 和 D_{60} 相当于土中小于某粒径的土粒质量占土的总质量的累计百分数分别为 10%、30% 和 60% 时对应的粒径，分别称为有效粒径、中值粒径和限定粒径。

　　不均匀系数 K_u 越大，曲线越平缓，土粒越不均匀，易压缩密实；K_u 越小，曲线越陡。工程上，常把 $K_u < 5$ 的土看作是均匀的，也就是级配不良的土；$K_u > 10$ 的土看作不均匀的，也就是级配良好的土。如果 K_u 过大，表示可能缺失中间粒径，属不连续级配，故需同时用曲率系数来评价。曲率系数 K_c 是描述累计曲线整体形状的指标。

　　一般认为，砾类土或砂土同时满足 $K_u \geqslant 5$ 和 $K_c = 1 \sim 3$ 两个条件时，则级配良好。若不能同时满足上述条件，则级配不良。

2.2.2　土中水和气体

1. 土中水

　　土中水按其形态可分为固态、液态和气态。固态水是指土中水在温度降至 0℃ 以下时结成的冰。水结冰后体积增大，使土体发生冻胀，破坏土的结构，但冻土融化后将使土体强度大大降低。气态水是指土中的水蒸气，一般对土的性质影响不大。液态水除结晶水紧紧吸附

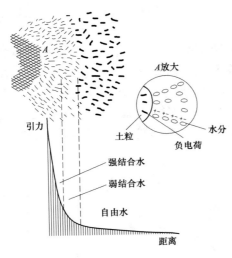

图 2-2　结合水示意图

于固体颗粒的晶格内部外，还存在结合水和自由水两类，如图 2-2 所示。

（1）结合水。结合水是指在土颗粒表面静电引力作用范围内的水，可分为强结合水（吸着水）和弱结合水（薄膜水）两种。强结合水紧靠土粒表面，其性质接近于固体不冻结，密度约为 $1.2\sim2.4\text{g/cm}^3$，具有极大的黏滞度、弹性和抗剪强度，不传递静水压力。弱结合水就是紧靠于强结合水外围形成的一层水膜，它也不能传递静水压力，其性质随离开颗粒表面的距离而变化，已冻结的弱结合水在不太大的负温下就能融化，不能自由流动。含有弱结合水的土具有塑性，弱结合水的存在是黏性土在某一含水率范围内表现出可塑性的根本原因。

（2）自由水。自由水指不受土粒表面电荷电场影响的水，它的性质与普通水相同，能传递静水压力，具有溶解能力，冰点为 0℃，可分为重力水和毛细水两类。重力水是存在于地下水位以下透水土层中的地下水，对于土粒和结构物水下部分起浮力作用，能传递水压力。毛细水是受到水与空气交界面上表面张力作用的自由水，毛细水的上升对于输电杆塔基础地下部分的防潮措施和地基土的浸湿和冻胀等有重要影响。此外，在干旱地区，地下水中的可溶盐随毛细水上升而不断蒸发，盐分积聚于靠近地表处会形成盐渍土。

2. 土中气体

土中气体即为土的气相，存在于土孔隙中未被水占据的部分，可分为自由气体和封闭气体两种。自由气体是指土中气体与大气连通，土层受外荷作用时土中气体能够从孔隙中挤出，对土的性质影响不大，工程中不予考虑。

2.2.3　土的结构和构造

1. 土的结构

土的结构是指由土粒的大小、形状、相互排列及其联结关系等因素形成的综合特征。土的结构一般分为单粒结构、蜂窝结构和絮状结构三种类型，如图 2-3 所示。

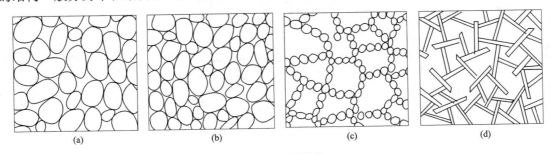

(a)　　　　　　　　(b)　　　　　　　　(c)　　　　　　　　(d)

图 2-3　土的结构

(a) 单粒结构（疏松）；(b) 单粒结构（紧密）；(c) 蜂窝结构；(d) 絮状结构

单粒结构是由粗大土粒在水或空气中下沉而形成的，全部由砂粒和更粗土粒组成的土都具有单粒结构。因其颗粒较大，土粒间的分子吸引力相对很小，所以颗粒间几乎没有联结，至于未充满孔隙的水分只可能使其具有微弱的毛细水联结。单粒结构可以是疏松的，也可以是紧密的，如图 2-3 （a）、（b）所示。疏松的单粒结构稳定性差，当受到震动及其他外力作用时，土粒易发生移动，土中空隙减小，引起土的较大变形，因此，这种土层如未经处理一般不宜作为建筑物的地基。呈紧密状单粒结构的土，由于其土粒排列紧密，在静、动荷载作用下都不会产生较大的沉降，所以强度较大，压缩性较小，是良好的天然地基。

蜂窝结构是以粉粒为主的土的结构特征，粒径在 0.005～0.075mm 的土粒在水中沉积时，基本上是单个颗粒下沉，在下沉过程中碰到已沉积的土粒时，由于粒间的引力大于下沉土粒的重力，后沉土粒就停留在最初的接触点上不再继续下沉，逐渐形成链环状单元。很多这样的链环联结起来，便形成孔隙较大的蜂窝结构，如图 2-3 （c）所示。絮状结构又称为绒絮结构，这是黏土颗粒特有的结构，如图 2-3 （d）所示。细微的黏粒（粒径小于 0.005mm）大都呈针状或片状，质量极轻，在水中处于悬浮状态。蜂窝结构和絮状结构的土中存在大量孔隙，压缩性高，抗剪强度低，但土粒间的联结强度会由于压密和胶结作用而逐渐加强。

在天然状态下，任何一种土的结构都不是单一的，往往呈现以某种结构为主，混杂各种其他结构的复合形式。当土的结构受到破坏或扰动，不仅改变了土粒排列，同时还不同程度地破坏了土粒间的联结，从而影响土的工程性质，对于蜂窝和絮状结构的土，往往会大大降低其结构强度。因此在土工试验或施工过程中必须尽量减少对土的扰动，避免破坏土的原状结构。

2. 土的构造

土中物质成分和颗粒大小等都相近的各部分土层之间的相互关系的特征称为土的构造。土的构造是土层的层理、裂隙及大孔隙等宏观特征。土的构造最主要特征就是成层性，即层理构造。常见的有水平层理构造和交错层理构造。土的构造的另一特征是土的裂隙性，如黄土的柱状裂隙。裂隙的存在大大降低土体的强度和稳定性，增大透水性，对工程不利。此外，还应注意土中有无腐殖物、贝壳、结核体等包裹物以及天然或人为的孔洞存在。这些构造特征都会造成土的不均匀性。

2.3　土的三相比例指标

为了推导出土的物理性质指标，通常将在土体中实际上是处于分散状态的三相物质理想化地集中在一起，构成如图 2-4 所示。图中左边表示三相组成的体积，右边表示三相组成的质量。土样的体积为土粒体积 V_s、水的体积 V_w 和空气的体积 V_a 之和，孔隙体积为水的体积 V_w 和空气的体积 V_a 之和；土样的质量 m 为土粒的质量 m_s、水的质量 m_w 和空气的质量 m_a 之和，通常认为空气的质量 m_a 可以忽略，则土样的质量为水和土粒的质量之和，即 $V = V_s + V_w + V_a$，$m = m_s + m_w + m_a = m_s + m_w$。

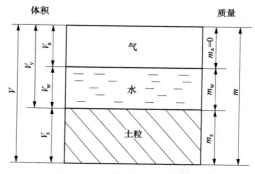

图 2-4　土的三相组成示意图

土的三相比例指标分为两种：一种是基本指标，另一种是导出指标。结合输电线路地基土承受荷载的特点，设计上必须掌握这些指标。

2.3.1　基本指标

1. 土粒比重（土粒的相对密度）d_s

土粒质量与同体积 4℃时水的质量之比，称为土粒的相对密度（也称比重），即

$$d_s = \frac{m_s}{V_s \rho_w} = \frac{\rho_s}{\rho_w} \tag{2-4}$$

式中：ρ_s 为土粒的密度；ρ_w 为 4℃纯水的密度。

土粒比重常用比重瓶法测定。将置于比重瓶内的土样在 105～110℃ 下烘干后冷却至室温，用排水法测得土粒体积，并求得同体积 4℃纯水的质量，土粒质量与其比值就是土粒比重。此方法适用于粒径小于 5mm 的土；对于粒径大于等于 5mm 的土，可用其他方法测定。土粒比重的大小主要取决于土的矿物成分，其比重参考值见表 2-2。

表 2-2　　　　　　　　　　　　土粒比重参考值

土的类别	泥炭	有机质土	砂土	粉土	黏性土	
					粉质黏土	黏土
土粒比重	1.5～1.8	2.4～2.52	2.65～2.69	2.70～2.71	2.72～2.73	2.74～2.76

2. 天然含水率 ω

在天然状态下，土中水的质量与土粒的质量之比称为土的天然含水率，即

$$\omega = \frac{m_w}{m_s} \times 100\% \tag{2-5}$$

含水率是标志土的湿度的一个重要物理指标。天然状态下土层的含水率变化范围较大，它与土的种类、埋藏条件及其所处的自然地理环境等有关。对于同一类土，含水率越高说明土越湿，一般说来也就越软，工程性质越差。

土的含水率通常采用"烘干法"测定，亦可采用酒精燃烧法快速测定。先称小块原状土样的湿土质量，然后置于烘箱内维持 105～110℃ 的恒温下烘干（黏性土 8h 以上，砂土 6h 以上），取出烘干的土样冷却后称其质量，可计算得到土的含水率。

3. 天然密度 ρ

天然土单位体积的质量称为土的天然密度（单位 g/cm³），即

$$\rho = \frac{m}{V} \tag{2-6}$$

室内密度测定一般采用环刀法，将一圆环刀（刀刃向下）放在削平的原状土样面上，徐徐削去环刀外围的土，边削边压，使保持天然状态的土样压满环刀内，上、下修平，称得环刀内土样质量计算而得。在天然状态下，一般黏性土的密度 $\rho = 1.8～2.0$g/cm³；砂土的密度 $\rho = 1.6～2.0$g/cm³；腐殖土的密度 $\rho = 1.5～1.7$g/cm³。

2.3.2　土的导出指标

1. 土的孔隙比 e

土中孔隙体积与土粒体积之比称为孔隙比，即

$$e = \frac{V_v}{V_s} \tag{2-7}$$

式中：V_v 为土中孔隙体积；V_s 为土粒体积。

孔隙比是一个重要的物理性能指标，可以用来评价天然土层的密实程度。一般来说，$e<0.6$ 的土是密实的，具有低压缩性；$e>1.0$ 的土是疏松的高压缩性土。

2. 土的孔隙率 n

土中孔隙体积与土的总体积之比称为孔隙率，即

$$n=\frac{V_v}{V}\times100\%\tag{2-8}$$

孔隙率一般用百分数表示，其值随土形成过程中所受的压力、粒径级配和颗粒排列的状况而变化。砂类土的孔隙率一般是 $28\%\sim35\%$，黏性土的孔隙率可达 $60\%\sim70\%$。

3. 土的饱和度 S_r

土中被水充满的孔隙体积与孔隙总体积之比，称为土的饱和度 S_r，即

$$S_r=\frac{V_w}{V_v}\times100\%\tag{2-9}$$

土的饱和度反映土中孔隙被水充满的程度，用百分数表示。如果 $S_r=100\%$，表明土孔隙中充满水，土是完全饱和的；$S_r=0$，则土是完全干燥的。通常可根据饱和度的大小将砂土分为三类：$0<S_r\leqslant50\%$ 为稍湿；$50\%<S_r\leqslant80\%$ 为很湿；$80\%<S_r<100\%$ 为饱和。

4. 不同状态下土的密度与重度

除了天然密度 ρ 外，工程中还常用饱和密度 ρ_{sat}、干密度 ρ_d 和有效密度（或浮密度）ρ'。

土体中孔隙完全被水充满时的土的密度称为饱和密度，即

$$\rho_{sat}=\frac{m_s+V_v\rho_w}{V}\tag{2-10}$$

土体单位体积中固体颗粒部分的质量称为干密度，即

$$\rho_d=\frac{m_s}{V}\tag{2-11}$$

干密度越大，土越密实，强度越高。干密度通常作为填土密实度的施工控制指标。

在地下水位以下的土，单位体积土的有效质量称为土的有效密度（也叫浮密度），即

$$\rho'=\frac{m_s-\rho_w V_s}{V}\tag{2-12}$$

很显然，$\rho_{sat}>\rho>\rho_d>\rho'$。与三相比例指标中 4 个质量密度相对应的有土的重度指标，即土的天然重度（$\gamma=\rho g$）、干重度（$\gamma_d=\rho_d g$）、饱和重度（$\gamma_{sat}=\rho_{sat}g$）和有效重度（$\gamma'=\rho'g=\gamma_{sat}-\gamma_w$），其中，$\gamma_w$ 为水的重度，$\gamma_w=10kN/m^3$。同理，$\gamma_{sat}>\gamma>\gamma_d>\gamma'$。

为了便于查阅，现归纳出土的三相比例指标之间的关系，如表 2-3 所示。

表 2-3　　土的三相比例指标换算公式

指标名称及符号	指标表达式	常用换算公式	常见的数值范围
土粒比重 d_s	$d_s=\dfrac{\rho_s}{\rho_w}$	$d_s=\dfrac{S_r e}{\omega}$	黏性土：$2.72\sim2.75$；砂土：$2.65\sim2.69$
天然密度 ρ	$\rho=\dfrac{m}{V}$	$\rho=\rho_d(1+\omega)$ $\rho=\dfrac{d_s(1+\omega)}{1+e}\rho_w$	$1.6\sim2.0g/cm^3$

指标名称及符号	指标表达式	常用换算公式	常见的数值范围
干密度 ρ_d	$\rho_d = \dfrac{m_s}{V}$	$\rho_d = \dfrac{\rho}{1+\omega}$ $\rho_d = \dfrac{d_s}{1+e}\rho_w$	$1.3 \sim 1.8 \text{g/cm}^3$
饱和密度 ρ_{sat}	$\rho_{sat} = \dfrac{m_s + V_v\rho_w}{V}$	$\rho_{sat} = \dfrac{d_s+e}{1+e}\rho_w$	$1.8 \sim 2.3 \text{g/cm}^3$
浮密度 γ'	$\rho' = \dfrac{m_s - V_s\rho_w}{V}$	$\rho' = \rho_{sat} - \rho_w$ $\rho' = \dfrac{d_s-1}{1+e}\rho_w$	$0.8 \sim 1.3 \text{g/cm}^3$
孔隙比 e	$e = \dfrac{V_v}{V_s}$	$e = \dfrac{(1+\omega)d_s\rho_w}{\rho} - 1$ $e = \dfrac{\rho_s}{\rho_d} - 1$	淤泥质黏土：$1\sim1.5$；黏性土和粉土：$0.4\sim1.2$；砂土：$0.38\sim0.9$
孔隙率 n	$n = \dfrac{V_v}{V} \times 100\%$	$n = \dfrac{e}{1+e} = 1 - \dfrac{\rho_d}{d_s\rho_w}$	黏性土和粉土：$30\%\sim60\%$；砂土：$25\%\sim45\%$
含水率 ω	$\omega = \dfrac{m_w}{m_s} \times 100\%$	$\omega = \dfrac{S_r e\rho_w}{\rho_s} = \dfrac{\rho}{\rho_d} - 1$	$10\%\sim70\%$
饱和度 S_r	$S_r = \dfrac{V_w}{V_v} \times 100\%$	$S_r = \dfrac{\omega d_s}{e} = \dfrac{\omega\rho_d}{n\rho_w}$	$0\sim100\%$

【例 2-1】 某一原状土样，经试验测得的基本指标值如下：密度 $\rho = 1.67 \text{g/cm}^3$，含水率 $\omega = 12.9\%$，土粒比重 $d_s = 2.67$。试求孔隙比 e、孔隙率 n、饱和度 S_r、干密度 ρ_d、饱和密度 ρ_{sat} 和有效密度 ρ'。

解 利用换算公式直接求得。

(1) 孔隙比 $e = \dfrac{(1+\omega)d_s\rho_w}{\rho} - 1 = \dfrac{2.67(1+0.129)}{1.67} - 1 = 0.805$

(2) 孔隙率 $n = \dfrac{e}{1+e} = \dfrac{0.805}{1+0.805} = 44.6\%$

(3) 饱和度 $S_r = \dfrac{V_w}{V_v} = \dfrac{\omega d_s}{e} = \dfrac{0.129 \times 2.67}{0.805} = 43\%$

(4) 干密度 $\rho_d = \dfrac{\rho}{1+\omega} = \dfrac{1.67}{1+0.129} = 1.48(\text{g/cm}^3)$

(5) 饱和密度 $\rho_{sat} = \dfrac{(d_s+e)\rho_w}{1+e} = \dfrac{2.67+0.805}{1+0.805} = 1.93(\text{g/cm}^3)$

(6) 有效密度 $\rho' = \rho_{sat} - \rho_w = 1.93 - 1 = 0.93(\text{g/cm}^3)$

【例 2-2】 某土样在天然状态下的孔隙比 $e = 0.8$，土粒比重 $d_s = 2.68$，含水率 $\omega = 24\%$，试求：

(1) 天然状态下土的重度、干重度和饱和度；

(2) 若该土样加水后达到饱和状态，计算饱和时含水率 ω 及饱和重度（假定土的孔隙比保持不变）。

解 设土粒体积 $V_s = 1.0 \text{cm}^3$，根据土的三相比例指标换算，可得

土粒质量 $m_s = d_s\rho_w = 2.68(\text{g})$

水的质量 $m_w = m_s \times \omega = 0.64(g)$

孔隙体积 $V_v = e = 0.8(cm^3)$

土样的总体积 $V = V_s + V_v = 1.8(cm^3)$

（1）天然状态下土的重度 $\gamma = \rho g = \dfrac{mg}{V} = \dfrac{m_s + m_w}{V_s + V_v}g = 18.44(kN/m^3)$

干重度 $\gamma_d = \dfrac{\gamma}{1+\omega} = 14.87(kN/m^3)$

饱和度 $S_r = \dfrac{\omega d_s}{e} = \dfrac{0.24 \times 2.68}{0.80} = 80.4\%$

（2）饱和时含水率 $\omega_{sat} = \dfrac{S_r e}{d_s} = \dfrac{0.80}{2.68} = 29.85\%$

饱和重度 $\gamma_{sat} = \dfrac{d_s + e}{1+e}\gamma_w = \dfrac{2.68 + 0.8}{1 + 0.8} \times 10 = 19.33(kN/m^3)$

或按照饱和重度的定义 $\gamma_{sat} = \dfrac{m_s + V_v \rho_w}{V}g = 19.33(kN/m^3)$

2.4　土的物理状态指标

土的物理状态指标主要反映土的松密程度和软硬程度，对于无黏性土，其主要的物理指标是土的密实度；对于黏性土，其主要的物理指标是稠度。

2.4.1　无黏性土的密实度

无黏性土主要包括砂土和碎石土。这类土中缺乏黏性矿物，密实度对其工程性质具有重要影响。密实的无黏性土由于压缩性小，抗剪强度高，承载力大，可作为建筑物的良好地基。但如处于疏松状态，尤其是细砂和粉砂，稳定性差，容易发生流砂和液化，在外力作用下很容易发生变形，并且强度也低，很难作为天然地基。

判断无黏性土密实度的方法有：孔隙比法、相对密实度法、标准贯入试验法和碎石土密实度野外鉴别法等。

1. 孔隙比法

孔隙比可以用来表示砂土的密实度。对于同一种无黏性土，当其孔隙比小于某一限度时，处于密实状态；随孔隙比的增大，则处于中密、稍密直至松散状态。但矿物成分、颗粒级配、粒度成分等各种因素也对砂土的密实度有影响。根据孔隙比的大小，将砂土划分为密实、中密、稍密和松散四类，如表 2-4 所示。

表 2-4　　　　　　　　　　　　　　　　砂土的密实度

砂土种类 ＼ 密实度	密实	中密	稍密	松散
砾砂、粗砂、中砂	$e < 0.60$	$0.60 \leqslant e \leqslant 0.75$	$0.75 < e \leqslant 0.85$	$e > 0.85$
细砂、粉砂	$e < 0.70$	$0.70 \leqslant e \leqslant 0.85$	$0.85 < e \leqslant 0.95$	$e > 0.95$

天然孔隙比判断土的密实度方法简单，但没有考虑土的颗粒级配的影响。对于两种孔隙比相同的砂土，其密实度不一定相同，孔隙比大的土其密实度反而较好。为了同时考虑孔隙

比和颗粒级配的影响，工程中常引入相对密实度的概念。

2. 相对密实度法

砂土的相对密实度 D_r 可由下式给出，即

$$D_r = \frac{e_{max} - e}{e_{max} - e_{min}} \tag{2-13}$$

式中：e 为砂土在天然状态下孔隙比；e_{max} 为砂土最松散状态时孔隙比，称为最大孔隙比；e_{min} 为砂土最密实状态时孔隙比，称为最小孔隙比。

从式（2-13）可知，若砂土的天然孔隙比 e 接近于 e_{min}，即相对密实度 D_r 接近于 1 时，土呈密实状态，当 e 接近于 e_{max} 时，即相对密度 D_r 接近于 0，则呈松散状态。

根据 D_r 值可把砂土的密实度状态划分为密实、中密和松散三种状态，如表 2-5 所示。

表 2-5		砂土的密实度	
密实度	密实	中密	松散
相对密实度 D_r	$0.67 < D_r \leqslant 1$	$0.33 < D_r \leqslant 0.67$	$0 < D_r \leqslant 0.33$

相对密度法适用于透水性好的无黏性土，如纯砂、纯砾等。对于不同的无黏性土，e_{min} 与 e_{max} 的值是不同的，e_{max} 与 e_{min} 之差（即孔隙比可能变化的范围）也不一样。一般土粒粒径较均匀的无黏性土，e_{max} 与 e_{min} 之差较小；对不均匀的无黏性土，则其差值较大。

3. 标准贯入试验法

虽然相对密实度法从理论上能反映颗粒级配及形状，但由于天然状态下砂土的孔隙比难以测定，又鉴于最大与最小孔隙比的测定方法尚无统一标准，因此《建筑地基基础设计规范》（GB 50007—2011）常用标准贯入试验、静力触探等原位测试方法来评价砂土的密实度，工程技术人员广泛采用。标准贯入试验是用标准的锤重（63.5kg），以一定的落距（76cm）自由下落，将以标准贯入器打入土中，记录贯入器贯入土中 30cm 的锤击数 N。锤击数的大小反映了土层的密实程度，具体划分标准见表 2-6。

表 2-6		按原位标准贯入试验锤击数 N 划分砂土密实度		
密实度	松散	稍密	中密	密实
标准贯入锤击数 N	$N \leqslant 10$	$10 < N \leqslant 15$	$15 < N \leqslant 30$	$N > 30$

4. 碎石土密实度野外鉴别法

对于很难做室内试验或原位触探试验的大颗粒含量较多的碎石土，《建筑地基基础设计规范》（GB 50007—2011）列出了野外鉴别方法，通过野外鉴别可将碎石土分为密实、中密、稍密和松散。

2.4.2 黏性土的物理状态

1. 稠度

稠度是指土的软硬程度或在某一含水率下抵抗变形或破坏的能力，是黏性土最主要的物理状态特征。当含水率很大时，土是一种黏滞流动的液体，处于流动状态。当施加剪力时，泥浆将连续地变形，土的抗剪强度降低。当含水率降低到某一值时，土表现出一定的抗剪强度，称为可塑状态。当含水率继续减小时，土的可塑性消失，从可塑状态变为半固体状态。当含水率很小时，土的体积不再随含水率的减少而减小，称为固体状态。

2. 界限含水率

黏性土从一种状态过渡到另一种状态的分界含水率称为界限含水率，它的稠度状态如图 2-5 所示，这些状态的变化，反映了土粒与水相互作用

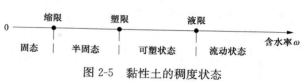

图 2-5　黏性土的稠度状态

的结果。黏性土由可塑性状态变化到流动状态的界限含水率称为液限，用 ω_L 表示；黏性土由半固态到可塑状态的界限含水率称为塑限，用 ω_P 表示；土由半固体状态不断蒸发水分，体积逐渐缩小，直到体积不再缩小时黏性土的界限含水率称为缩限，用 ω_s 表示。土的 ω_L、ω_P 和 ω_s 常以百分数表示（省去%），例如 $\omega_L=28$，表示土的液限含水率为 28%；$\omega_P=12$，表示土的塑限含水率为 12%。

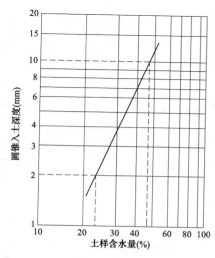

图 2-6　含水率与圆锥下沉深度关系图

近年来，国内常用"联合测定法"来测定黏性土的液限和塑限。试验时，一般对三个不同含水率的试样进行测试，用电磁落锥法分别测定圆锥在自重下沉入试样 5s 时的下沉深度。在双对数坐标纸上作出各锥入土深度及相应含水率的关系曲线（见图 2-6）。试验方法标准规定，下沉深度为 2mm 所对应的含水率为塑限；下沉深度为 10mm 所对应的含水率为 10mm 液限；下沉深度为 17mm 所对应的含水率为 17mm 液限。

3. 塑性指数和液性指数

（1）塑性指数。塑性指数 I_P 是指液限和塑限的差值（习惯上省去%），即

$$I_P = \omega_L - \omega_P \tag{2-14}$$

塑性指数是描述黏性土物理状态的重要指标之一，工程上普遍根据其值的大小对黏性土进行分类。I_P 越大，表明土粒越细，比表面积越大，土的黏粒或亲水矿物（如蒙脱石）含量越高，土处于可塑状态的含水率变化范围就越大。

（2）液性指数。虽然土的天然含水率对黏性土的状态有很大影响，但对于不同的土，即使具有相同的含水率，如果它们的塑限和液限不同，则它们所处的状态也就不同。液性指数 I_L 表示土的天然含水率与分界含水率相对关系的指标，是指黏性土的天然含水率和塑限的差值与塑性指数之比，即

$$I_L = \frac{\omega - \omega_P}{\omega_L - \omega_P} = \frac{\omega - \omega_P}{I_P} \tag{2-15}$$

可见，I_L 值越大，土质越软；反之，土质越硬。当 $I_L \leqslant 0$ 时，表示土处于坚硬状态；当 $I_L > 1$ 时，土处于流动状态。因此，可利用液性指数来划分黏性土的状态，如表 2-7 所示。

表 2-7　　　　　　　　　　　黏性土状态的划分

液性指数 I_L	$I_L \leqslant 0$	$0 < I_L \leqslant 0.25$	$0.25 < I_L \leqslant 0.75$	$0.75 < I_L \leqslant 1.0$	$I_L > 1.0$
状态	坚硬	硬塑	可塑	软塑	流塑

【例 2-3】　已知黏性土的土粒重度 $\gamma_s = 27.5 \text{kN/m}^3$，液限 $\omega_L = 40$，塑限 $\omega_P = 22$，饱和

度 $S_r=98\%$，天然孔隙比 $e=1.15$。试计算塑性指数、液性指数，并确定黏性土的状态。

解　根据塑性指数的定义，可知塑性指数为

$$I_P=\omega_L-\omega_P=40-22=18$$

土的天然含水率为　　$\omega=\dfrac{e\gamma_w S_r}{\gamma_s}=\dfrac{1.15\times10\times98\%}{27.5}=41\%$

液性指数　　$I_L=\dfrac{\omega-\omega_P}{\omega_L-\omega_P}=\dfrac{41-22}{40-22}=1.06$

由于 $I_L>1$，查表 2-7 可知，此黏性土为流塑状态。

2.5　土的压实原理

土的击实性是指土在一定的含水率下，以人工或机械的方法，使土能够压实到某种密实度的特性。在工程建设中，经常遇到填土压实的问题，例如修筑道路、挡土墙、埋设管道、杆塔地基土的回填等。为了提高回填土的强度，增加土的密实度，降低其透水性和压缩性，通常用分层夯实的办法来处理地基。

经验表明，对过湿的土进行夯实或碾压时就会出现软弹现象（俗称"橡皮土"），此时土的密实度是不会增大的。对很干的土进行夯实或碾压，显然也不能把土充分压实。要使土的压实效果最好，其含水率一定要适当。在一定的击实能量下使土最容易压实，并能达到最大密实度时的含水率，称为土的最优含水率（或称最佳含水率），用 ω_{op} 表示。与之相对应的干密度称为最大干密度，用 ρ_{dmax} 表示。

2.5.1　击实（压实）试验及土的击实特性

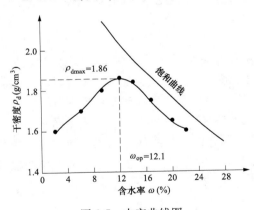

图 2-7　击实曲线图

击实试验是在室内研究土压实性的基本方法。试验时将同一种土，配制成若干份不同含水率的试样，用同样的压实能量分别对每一份试样进行击实后，测定各试样击实后的含水率 ω 和干密度 ρ_d，从而绘制含水率与干密度关系曲线，称为击实曲线（见图 2-7）。当含水率较低时，随着含水率的增大，土的干密度也逐渐增大，表明击实效果逐步提高；当含水率超过某一限值 ω_{op} 时，干密度则随着含水率增大而减小，表明击实效果下降。

黏性土的击实效果随着含水率而变化，并在击实曲线出现一个峰值。峰值点所对应的纵坐标为最大干密度 ρ_{dmax}，对应的横坐标为最优含水率 ω_{op}。最优含水率 ω_{op} 约与土的塑限 ω_P 相近，大致为 $\omega_{op}=\omega_P+2$。填土中所含的黏土矿物愈多，则最优含水率愈大。对于无黏性土的压实，应该有一定静荷载与动荷载联合作用，才能达到较好的压实土。

对同一种土，用人力夯实时，由于能量小，最优含水率较大而得到的最大干密度却较小。当用机械夯实时，击实能量较大。所以当填土压实程度不足时，可以改用大的击实能量补夯，以达到所要求的密度。需要指出的是，室内击实试验与现场夯实或碾压的最优含水率

是不同的。所谓最优含水率是针对某一种土，在一定的压实机械、压实能量和填土分层厚度等条件下测得的，如果这些条件改变，就会得到不同的最优含水率。

2.5.2　影响压实效果的因素

影响土的压实效果的因素主要有土的类别及级配、含水率和击实功能，另外土的毛细管压力以及孔隙压力对土的压实性也有一定的影响。

1. 土粒级配及土的类别

在同类土中，土的颗粒级配对土的击实效果影响很大，颗粒级配不均匀的土容易击实，均匀的土则不易击实。一般来说，粗粒含量多、级配良好的土，最大干密度较大，最优含水率较小。砂土的击实性与黏性土不同，一般在完全干燥或充分洒水饱和状态下，容易击实到较大的干密度；而在潮湿状态下，由于毛细水的作用，不易击实。

2. 含水率

在同一击实功作用下，当土样小于最优含水率时，随含水率的增大，击实干密度增大；当土样大于最优含水率时，随含水率的增大，击实土干密度减小。只有当含水率控制为某一适宜值时，土才能充分压实，得到土的最大干密度。这是因为含水率较小时，土中的水主要是强结合水，土粒周围的结合水膜很薄，使颗粒间具有很大的分子引力，阻止颗粒移动；压实就比较困难，当含水率适当增大时，土中结合水膜变厚，土粒之间的联结力减弱而使土粒易于移动，压实效果就变好，但当含水率继续增大，以致土中出现了自由水，击实时孔隙中过多的水分不易立即排出，势必阻止土粒的靠拢，所以压实效果反而下降。

3. 击实功能

夯击的击实功能与夯锤的质量、落高、夯击次数等有关。碾压的压实功能与碾压机的质量、接触面积、碾压遍数等有关。对于同一土料，击实功能小，所能达到的最大干密度也小；击实功能大，所能达到的最大干密度也大。而最优含水率正好相反，即击实功能小，最优含水率大；击实功能大，则最优含水率小。因此，若需把土压实到工程要求的干密度，必须合理控制压实时的含水率，选用适合的压实功能才能获得预期的效果。

2.5.3　土的压实度

在工程中，常用土的压实度来控制填土的工程质量。压实度定义为工地压实时要求达到的干密度 ρ_d 与室内击实试验所得到的最大干密度 ρ_{dmax} 的比值，即

$$\lambda = \frac{\rho_d}{\rho_{max}} \tag{2-16}$$

可见，λ 值越接近 1，表示对压实质量的要求越高。在填方工程中，一般要求 $\lambda > 0.95$；对于一些次要工程，λ 值可以适当减小。

2.6　地基土（岩）的工程分类

《建筑地基基础设计规范》（GB 50007—2011）将作为地基的岩土划分为岩石、碎石土、砂土、粉土、黏性土、人工填土和特殊土。

1. 岩石

岩石的坚硬程度根据岩块的饱和单轴抗压强度分为坚硬岩、较硬岩、软硬岩、软岩和极软岩。岩体的完整程度可分为完整、较完整、较破碎、破碎和极破碎。岩石按风化程度划分

为微风化、中等风化和强风化三类。

2. 碎石土

粒径大于 2mm 的颗粒含量超过全重 50% 的土称为碎石土。根据颗粒的形状碎石土分为漂石、块石、卵石、碎石、圆砾和角砾等，详见表 2-8。

表 2-8　　　　　　　　　　　　　　　碎石土分类

土的名称	颗粒形状	颗粒级配
漂石	圆形及亚圆形为主	粒径大于 200mm 颗粒超过全重 50%
块石	棱角形为主	
卵石	圆形及亚圆形为主	粒径大于 20mm 颗粒超过全重 50%
砾石	棱角形为主	
圆砾	圆形及亚圆形为主	粒径大于 2mm 颗粒超过全重 50%
角砾	棱角形为主	

3. 砂土

粒径大于 2mm 的颗粒含量不超过全重 50%，粒径大于 0.075mm 的颗粒含量超过总质量 50% 的土称为砂土。根据颗粒级配可分为砾砂、粗砂、中砂、细砂和粉砂。

4. 粉土

粉土是指粒径大于 0.075mm 的颗粒含量不超过全重 50%、塑性指数 I_P 小于或等于 10 的土。粉土是介于砂土与黏性土之间的过渡性土类，它具有砂土和黏性土的某些特征。必要时可根据颗粒级配分为砂质粉土（粒径小于 0.005mm 的颗粒含量不超过全重 10%）和黏质粉土（粒径小于 0.005mm 的颗粒含量超过全重 10%）。

5. 黏性土

黏性土是指塑性指数 $I_P > 10$ 的土。黏性土的状态，可分为坚硬、硬塑、可塑、软塑和流塑。黏性土的工程性质与土的成因、生成年代的关系很密切，不同成因和年代的黏性土，尽管某些物理性指标值可能很接近，但其工程性质可能相差很悬殊。

黏性土按沉积年代分为：老黏性土、一般黏性土和新近沉积黏性土。一般来说，沉积年代久的老黏性土，其强度较高，压缩性较低。但工程实践表明，一些地区的老黏性土承载力并不高，甚至有的低于一般黏性土，而有些新近沉积的黏性土，其工程性质也并不差。

6. 人工填土

人工填土是指由于人类活动而堆积的土，其物质成分杂乱，均匀性较差。根据物质组成和成因，可分为素填土、压实填土、杂填土和冲填土。素填土是由碎石土、砂土、粉土、黏性土等组成的填土。压实填土为经分层压实或夯实的素填土。杂填土为含有大量建筑垃圾、工业废料、生活垃圾等杂物的填土。冲填土为由水力充填泥沙形成的填土。

7. 特殊土

特殊土是在特定地理环境或人为条件下形成的具有特殊性质的土，分布具有明显的区域性，如淤泥、软土、湿陷性黄土、红黏土、膨胀土、多年冻土和盐渍土等。

思 考 题

（扫一扫查看参考答案）

1. 什么是土的颗粒级配？颗粒级配曲线的纵坐标表示什么？土的颗粒级配曲线是怎样绘制的？

2. 什么是土的结构？土的结构可分为哪几种？分别是怎样形成的？

3. 土中的水包括哪几种？结合水有何特性？什么叫自由水？

4. 什么是土的构造？土的构造的主要特征是什么？

5. 什么是土的物理性质指标？哪些指标是直接测定的？哪些是导出指标？

6. 无黏性土最主要的物理状态指标是什么？利用孔隙比 e、相对密实度 D_r 和标准贯入试验锤击数 N 来划分密实度有何优缺点？

7. 相对密实度是否会出现 $D_r > 1.0$ 和 $D_r < 0$ 的情况？液性指数是否会出现 $I_L > 0$ 和 $I_L < 0$ 的情况？

8. 黏性土的物理状态指标包括什么？液限是如何测定？

9. 影响土压实性的主要因素有哪些？

10. 地基土（岩）分为几大类？各类土的划分依据是什么？

习 题

1. 某砂土的颗粒级配曲线，$D_{10} = 0.07 \text{mm}$，$D_{30} = 0.20 \text{mm}$，$D_{60} = 0.45 \text{mm}$。求不均匀系数和曲率系数，并判断土的级配情况。（答案：6.43，1.27，级配良好）

2. 有一完全饱和的原状土样切满于容积为 21.7cm^3 的环刀内，称得总质量为 72.49g，经 105℃ 烘干至恒重为 61.28g，已知环刀质量为 32.54g，土粒比重为 2.74。试求该土样的密度、含水率、干密度和孔隙比。（答案：1.84g/cm^3，39.0%，1.32g/cm^3，1.07）

3. 某砂土土样的天然密度为 1.77g/cm^3，天然含水率为 9.8%，土粒比重为 2.67，烘干后测得最小孔隙比为 0.461，最大孔隙比为 0.943。求天然孔隙比和相对密实度，并评定该砂土的密实度状态。（答案：0.656，0.595，中密状态）

4. 某土样处于完全饱和状态，土粒比重为 2.68，含水率为 32.0%。求土样的孔隙比和重度。

（答案：0.858，19.04kN/m^3）

5. 试证明下列各式：

(1) $e = \dfrac{\rho_s(1+\omega)}{\rho} - 1$　　(2) $\gamma_d = \dfrac{\gamma}{1+\omega}$　　(3) $S_r = \dfrac{\omega d_s}{e}$　　(4) $\gamma' = \dfrac{d_s - 1}{1+e}\gamma_w$

6. 从某天然砂土层中取得试样，通过试验测得其含水率为 11%，天然密度为 1.70g/cm^3，最小干密度为 1.41g/cm^3，最大干密度为 1.75g/cm^3。试判断该砂土的密实度状态。（答案：中密状态）

第 3 章　地基土中应力计算

3.1　概　　述

输电杆塔等建筑物的修建将使得地基中原有的应力状态发生改变，从而引起地基变形，导致建筑物沉降、倾斜或水平位移。如果地基变形过大，将会影响建筑物的安全和正常使用。当地基土中应力过大时，还会使土体因强度不够而发生破坏，土体甚至发生滑动而丧失稳定性。为了使设计的建筑物既安全可靠又经济合理，必须研究土体的变形、强度及稳定性问题。因此，研究土中应力分布是土力学最基本的课题之一。

地基土中应力一般包括由土体本身自重引起的自重应力和外部荷载引起的附加应力两部分。对于形成年代比较久远的土，一般不再会引起地基土的变形。而附加应力则不同，它是地基中新增加的应力，将引起地基土的变形。在计算附加应力时，基底压力的大小和分布是不可缺少的条件。

本章主要介绍地基土中的自重应力、基底压力、基底附加压力、地基中的附加应力以及有效应力原理等概念。

3.2　地基土的自重应力

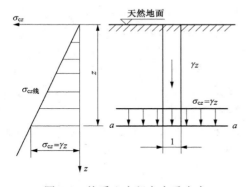

图 3-1　均质土中竖向自重应力

地基土中的自重应力是指由土体本身的有效重力所产生的应力。研究土中自重应力的目的就是确定土体的初始应力状态。在计算自重应力时，一般假定地基为均匀的、连续的、各向同性的半无限体。天然地面是一个无限大的水平面，土体在自重作用下竖直切面都是对称面，则在任意竖直面和水平面上均无剪应力存在。因此，在任意深度 z 处平面上，土体因自身重力产生的竖向应力 σ_{cz}，等于单位面积上土柱体的有效重力，如图 3-1 所示。

3.2.1　均质土的自重应力

当地基是均质土时，则在天然地面以下任意深度 z 处 a-a 水平面上的竖向自重应力 σ_{cz}，就等于该水平面任一单位面积上土柱体的自重，即

$$\sigma_{cz} = \frac{\gamma z A}{A} = \gamma z \tag{3-1}$$

式中：γ 为土的天然重度，kN/m^3；A 为土柱体的截面积，取 $A=1$。

对于均质土，竖向自重应力沿水平面均匀分布，与深度 z 成正比，即随深度按线性规律分布，如图 3-1 所示。

地基中除了作用于水平面上的竖向自重应力外，在竖直面上还作用有水平向的侧向自重应力 σ_{cx} 和 σ_{cy}，即

$$\sigma_{cx} = \sigma_{cy} = K_0 \sigma_{cz} \tag{3-2}$$

式中：K_0 为土的静止土压力系数，它是侧限条件下土中水平向应力与竖向应力之比，可通过试验测定，详见第 6 章。

3.2.2　成层土的自重应力

地基土往往是成层的，因而各层土具有不同的重度。如地下水位于同一土层中，计算自重应力时，地下水位面也应作为分层的界面。如图 3-2 所示，天然地面下深度 z 范围内土的厚度自上而下分别为 h_1，h_2，$\cdots$，h_n；天然重度分别为 γ_1，γ_2，$\cdots$，γ_n，则在深度 z 处土的自重应力应等于单位面积上土柱体中各层土重的总和，即

$$\sigma_{cz} = \gamma_1 h_1 + \gamma_2 h_2 + \cdots + \gamma_n h_n = \sum_{i=1}^{n} \gamma_i h_i \tag{3-3}$$

式中：σ_{cz} 为天然地面下任意深度 z 处的竖向有效自重应力，kPa；n 为深度 z 范围内的土层总数；h_i 为第 i 层土的厚度，m；γ_i 为第 i 层土的天然重度，对地下水位以下的土层取有效重度 γ_i'，kN/m³。

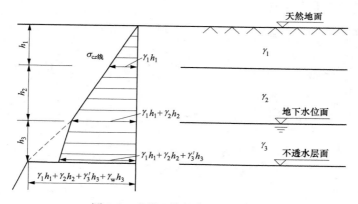

图 3-2　成层土中的自重应力分布

需要指出的是，在计算地下水位以下土的自重应力时，应根据土的性质，确定是否需要考虑水对土体的浮力作用。在地下水位以下，如埋有不透水层（如岩层或只含结合水的坚硬黏土层）时，由于不透水层中不存在水的浮力，所以层面及层面以下的自重应力应按上覆土层的水土总重来计算，如图 3-2 所示。

此外，地下水位升降也会使地基土中自重应力发生变化。对于形成年代久远的天然土层，在自重应力作用下的变形早已稳定。但当地下水位下降或土层为新近沉积或地面有大面积人工填土时，土中自重应力会增大，这时应考虑土体在自重应力增量作用下的变形，如图 3-3 所示。例如，城市过量开采地下水及深基坑开挖降水，以致地下水位大幅度下降，使地基中有效自重应力增加，从而造成地表大面积下沉的严重后果。在人工抬高蓄水水位（如筑坝蓄水）的地区或工业用水大量渗入地下水的地区，则可能导致基坑边坡坍塌或使新浇筑的强度尚低的基础底板开裂，等等。

【例 3-1】　某地基土层剖面图和资料如图 3-4（a）所示。试计算各土层自重应力，并绘制自重应力分布图。

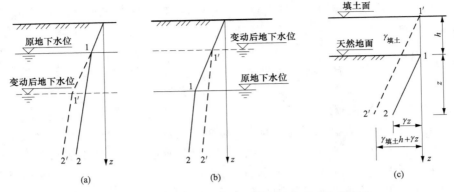

图 3-3 由于填土或地下水位升降引起自重应力的变化

（a）地下水位下降；（b）地下水位上升；（c）人工填土

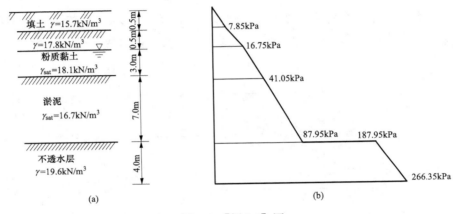

图 3-4 ［例 3-1］图

（a）地基土层剖面图和资料；（b）自重力分布图

解 填土层底 $\sigma_{cz} = \gamma_1 z_1 = 15.7 \times 0.5 = 7.85 (\text{kN/m}^2)$

地下水位处 $\sigma_{cz} = \gamma_1 z_1 + \gamma_2 z_2 = 7.85 + 17.8 \times 0.5 = 16.75 (\text{kN/m}^2)$

粉质黏土层底 $\sigma_{cz} = \gamma_1 z_1 + \gamma_2 z_2 + \gamma_3' z_3 = 16.75 + (18.1 - 10) \times 3 = 41.05 (\text{kN/m}^2)$

淤泥底 $\sigma_{cz} = \gamma_1 z_1 + \gamma_2 z_2 + \gamma_3' z_3 + \gamma_4' z_4 = 41.05 + (16.7 - 10) \times 7 = 87.95 (\text{kN/m}^2)$

不透水层层面

$\sigma_{cz} = \gamma_1 z_1 + \gamma_2 z_2 + \gamma_3' z_3 + \gamma_4' z_4 + \gamma_w (z_3 + z_4) = 87.95 + 10 \times (3 + 7) = 187.95 (\text{kN/m}^2)$

钻孔底 $\sigma_{cz} = 187.95 + 19.6 \times 4 = 266.35 (\text{kN/m}^2)$

自重应力沿深度的分布 σ_{cz} 如图 3-4（b）所示。

3.3 基底压力与基底附加压力

3.3.1 基底压力

输电杆塔上的荷载通过基础传递给地基，作用于基础底面传至地基持力层顶面处的压力，称为基底压力。而地基支撑基础的反力称为地基反力。地基反力是基础底面受到的总的作用力，不是基底压力的反作用力，数值上不一定与基底压力相同。

基底压力的分布取决于地基与底板的相对刚度、荷载大小、基础埋深和土的性质等。输电杆塔基础的底板，无论是刚性底板还是柔性底板，其刚度均大大超过地基土（除岩石外）的刚度，可看作是绝对刚体。理论和实验均证明，轴心受压时刚性基础下的基底压力呈非线性分布，而且压力图形随荷载大小、土的性质和基础埋深等因素的改变而变化。在一般情况下，从工程实用性出发，均采取简化的计算方法，假定基底压力分布按线性变化。根据所承受荷载的性质，基底压力分别按下列要求确定。

1. 轴心荷载下的基底压力

当竖直荷载作用于基础的中轴线时，基底压力呈均匀分布（见图 3-5），其计算公式为

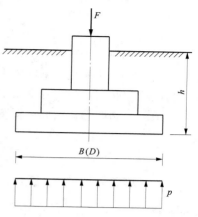

图 3-5　轴心荷载下基底压力计算简图

$$p = \frac{F + \gamma_G G}{A} \qquad (3-4)$$

式中：F 为上部结构传至基础底面的竖向压力设计值，kN；G 为基础自重和基础正上方的土重，kN，地下水位以下部分应扣除水的浮力；γ_G 为永久荷载分项系数。对基础有利时，宜取 $\gamma_G = 1.0$；对基础不利时，应取 $\gamma_G = 1.2$；A 为基础底面面积，m^2。

2. 单向偏心荷载下的基底压力

对于单向偏心荷载下的矩形基础，设计时通常将基底长边方向与偏心方向一致。此时，基底压力可按短柱偏心受压公式来计算，即

$$\left.\begin{array}{c} p_{max} \\ p_{min} \end{array}\right\} = \frac{F + \gamma_G G}{A} \pm \frac{M}{W} \qquad (3-5)$$

式中：p_{max}、p_{min} 分别为基础底面边缘的最大、最小压力设计值，kPa；M 为作用于基底形心上的力矩设计值，kN·m，对于不考虑侧向土压力的基础，$M = F_H(h + h_0)$，F_H 为作用于基础顶面的水平力，h_0 为主柱露出地面的高度；W 为基础底面的抵抗矩，对于矩形截面，$W = \frac{1}{6}bl^2$，m^3。

将把偏心荷载（见图 3-6）的偏心距 $e_0 = \frac{M}{F + \gamma_G G}$ 及 $W = \frac{1}{6}bl^2$ 代入式（3-5），可得

$$\left.\begin{array}{c} p_{max} \\ p_{min} \end{array}\right\} = \frac{F + \gamma_G G}{A}\left(1 \pm \frac{6e_0}{l}\right) \qquad (3-6)$$

由式（3-6）可知，基底压力的分布可能出现以下三种情况：

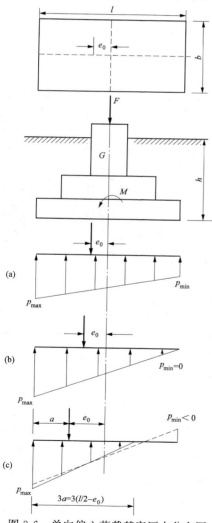

图 3-6　单向偏心荷载基底压力分布图
(a) $e_0 < l/6$；(b) $e_0 = l/6$；(c) $e_0 > l/6$

(1) 当 $e_0 < l/6$ 时，$p_{min} > 0$，基底压力呈梯形分布，见图 3-6 (a)；

(2) 当 $e_0 = l/6$ 时，$p_{min} = 0$，基底压力呈三角形分布，见图 3-6 (b)；

(3) 当 $e_0 > l/6$ 时，$p_{min} < 0$，由于基底与地基之间不能承受拉力，此时基底与地基局部脱开，而不能传递荷载，基底压力将重新分布，如图 3-6 (c) 中虚线所示。重新分布后的基底压力的合力必定与竖向外荷载平衡，合力应通过三角形反力分布图的形心，如图 3-6 (c) 中实线所示分布图形，由此可得基底边缘的最大压应力为

$$p_{max} = \frac{2(F + \gamma_G G)}{3ab} = \frac{F + \gamma_G G}{A} m_a \tag{3-7}$$

式中：a 为单向偏心竖向荷载作用点至基底最大压力边缘的距离，m，$a = \frac{l}{2} - e_0$；b 为基础底面宽度，m；m_a 为与偏心矩 e_0 和矩形长边 l（或边长 B）或直径 D 有关的系数。

对矩形底板，系数 m_a 为

$$m_a = \frac{2}{3\left(\frac{1}{2} - \frac{e_0}{l}\right)} \tag{3-8}$$

对圆形底板，系数 m_a 可按表 3-1 取值。

表 3-1   系数 m_a

e_0/D	0.125	0.143	0.205	0.295	0.390
m_a	2.0	2.1	2.8	4.7	12.4

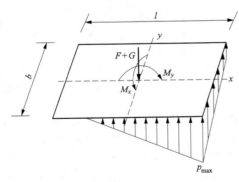

图 3-7　双向偏心荷载下基底压力分布图

3. 双向偏心荷载下的基底压力

矩形基础在双向偏心荷载作用下（见图 3-7），如基底最小压力 $p_{min} \geq 0$，则矩形基础基底边缘四个角点处的压力，可按下式进行计算

$$\left.\begin{array}{l} p_{max} \\ p_{min} \end{array}\right\} = \frac{F + \gamma_G G}{A} \pm \frac{M_x}{W_y} \pm \frac{M_y}{W_x} \tag{3-9}$$

式中：M_x、M_y 分别为作用于基础底面平行于 x 轴和 y 轴的力矩设计值，kN·m；W_x、W_y 分别为基础底面对 x 轴和 y 轴的抵抗矩，m³。

当按式 (3-9) 求得的最小基底压力时，基底面压力可能出现 $p_{min} < 0$ 的情况。此时，由基底压力的合力和外荷载 $F + \gamma_G G$ 大小相等、方向相反的平衡条件，可求出边缘的最大压应力 p_{max}，即

$$p_{max} = \frac{F + \gamma_G G}{C_x C_y} m_b \tag{3-10}$$

式中：C_x、C_y 分别为压应力计算宽度，可由下式给出 l、b 分别为基础底面沿 x 方向和 y 方向的宽度，m；m_b 为与基础底面压力图形有关的系数，$0.333 < m_b < 0.375$，一般可近似取 $m_b = 0.35$。当按式 (3-10) 计算值小于按式 (3-9) 计算值时，则取 $m_b = 0.375$。

$$C_x = \frac{l}{2} - \frac{M_x}{F + \gamma_G G} \qquad C_y = \frac{b}{2} - \frac{M_y}{F + \gamma_G G}$$

3.3.2　基底附加压力

在输电杆塔等建筑物建造以前，地基土中早已存在自重应力。如果基础砌置在天然地面上，那么全部基底压力就是新增加于地基表面的基底附加压力。实际上，一般浅基础总是埋在天然地面以下某一深度处，该处原有的自重应力由于开挖基坑而卸除。因此，由建筑物建造后的基底压力应扣除基底标高处原有土的自重应力，即为基底附加压力。它将在地基中引起附加应力，使地基产生变形。

当基底压力为均匀分布时，基底附加压力为

$$p_0 = p - \gamma_m h \qquad (3\text{-}11)$$

式中：p_0 为基底附加压力设计值，kPa；p 为基底平均压力设计值，kPa；γ_m 为基底标高以上各天然土层的加权平均重度，kN/m^3，其中地下水位下的重度取有效重度；h 为从天然地面算起的基础埋置深度，m。

当基底压力为梯形分布时，基底附加压力为

$$p_{0\min}^{0\max} = p_{\min}^{\max} - \gamma_m h \qquad (3\text{-}12)$$

可见，由于建筑物荷载和基础及其回填土自重在基底产生的压力并不是全部传给地基，其中一部分要补偿由于基坑开挖所卸除土体的自重应力。基础埋置深度越大，基底附加压力越小，则引起的地基中附加应力也越小。因而，加大基础埋置深度是减小附加压力和土体变形的工程措施之一，但也会带来许多其他工程问题。

3.4　地基中的附加应力

计算地基中的附加应力时，一般假定基础刚度为零，即基底作用的是柔性荷载，地基土是各向同性的、连续的、均匀的且在竖直和水平方向都是无限延伸的半无限弹性体，这样就可以采用弹性力学中关于弹性半空间的理论进行计算。

3.4.1　竖向集中力作用下的地基附加应力

在弹性半空间表面上作用一个竖向集中力 P 时，半空间内任意点 $M(x, y, z)$ 处所引起的应力和位移的弹性力学解答是由法国学者布辛奈斯克首先提出的（见图 3-8）。对地基土沉降意义最大的是竖向正应力，即

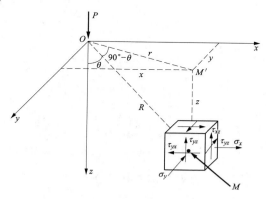

$$\sigma_z = \frac{3Pz^3}{2\pi R^5} = \frac{3}{2\pi} \frac{1}{\left[1+\left(\frac{r}{z}\right)^2\right]^{5/2}} \frac{P}{z^2} = K\frac{P}{z^2}$$

$$(3\text{-}13)$$

$$K = \frac{3}{2\pi\left[1+\left(\frac{r}{z}\right)^2\right]^{5/2}}$$

图 3-8　集中力作用下的附加应力

式中：P 为作用于坐标原点的集中力，kN；R 为点 M 到集中力 P 作用点的距离，m；$R = \sqrt{x^2+y^2+z^2}$；K 为集中力作用下的地基竖向附加应力系数，简称集中应力系数，无量纲。它是 r/z 的函数，详见表 3-2。

表 3-2　　　　　　　　　　　　**集中荷载下竖向附加应力系数 K**

r/z	K	r/z	K	r/z	K	r/z	K	r/z	K
0.00	0.4775	0.50	0.2733	1.00	0.0844	1.50	0.0251	2.00	0.0085
0.05	0.4745	0.55	0.2466	1.05	0.0744	1.55	0.0224	2.20	0.0058
0.10	0.4657	0.60	0.2214	1.10	0.0658	1.60	0.0200	2.40	0.0040
0.15	0.4516	0.65	0.1978	1.15	0.0581	1.65	0.0179	2.60	0.0029
0.20	0.4329	0.70	0.1762	1.20	0.0513	1.70	0.0160	2.80	0.0021
0.25	0.4103	0.75	0.1565	1.25	0.0454	1.75	0.0144	3.00	0.0015
0.30	0.3849	0.80	0.1386	1.30	0.0402	1.80	0.0129	3.50	0.0007
0.35	0.3577	0.85	0.1226	1.35	0.0357	1.85	0.0116	4.00	0.0004
0.40	0.3294	0.90	0.1083	1.40	0.0317	1.90	0.0105	4.50	0.0002
0.45	0.3011	0.95	0.0956	1.45	0.0282	1.95	0.0095	5.00	0.0001

集中荷载作用下的竖向附加应力 σ_z 在地基中的分布规律如图 3-9 所示。

（1）在集中力 P 的作用线上，$r=0$；当 $z=0$ 时，$\sigma_z \to \infty$；随着深度的增加，σ_z 逐渐减少。

（2）在 $r>0$ 的竖直线上，$z=0$ 时，$\sigma_z=0$；随 z 的增加，σ_z 先增加后减小。

（3）在 z 为常数的平面上，σ_z 在集中力作用线上最大，并随 r 的增加而逐渐减小。随着 z 的增加，这一分布趋势保持不变，但 σ_z 随 r 的增加而降低的速率变缓。

若在剖面图上将 σ_z 相同的点连接起来，可得到如图 3-10 所示的等值线。若在空间将等值点连接起来，则成泡状。集中力 P 在地基中引起附加应力 σ_z 在传播过程中应力强度逐渐降低，向下、向四周无限扩散。

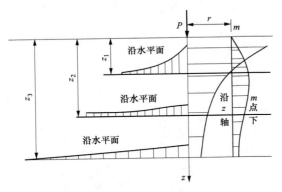

图 3-9　集中力作用下土中应力 σ_z 的分布

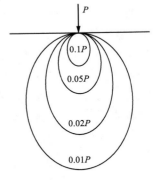

图 3-10　σ_z 的等值线

当地基表面作用有几个集中力时，可分别算出各集中力在地基中引起的附加应力，然后根据弹性体应力叠加原理求出地基附加应力的总和。

当基础底面形状不规则或荷载分布较复杂时，可将基底划分为若干个小面积，把小面积上的荷载当成集中力，然后利用上述公式计算地基中的附加应力。如果小面积的最大边长小于计算应力点深度的 1/3，用此法所得的应力值与准确值相比，误差不超过 5%。

【**例 3-2**】　在地面作用一集中荷载 $P=200\text{kN}$，试求：

（1）在地基中 $z=2\text{m}$ 的水平面上，水平距离 $r=1$、2、3m 和 4m 各点的竖向附加应力

σ_z 值，并绘出分布图；

（2）在地基中 $r=0$ 的竖直线上距地面 $z=0$、1、2、3 和 4m 处各点的 σ_z 值，并绘出分布图；

（3）取 $\sigma_z=20$、10、4 和 2kPa，计算在地基中 $z=2$m 的水平面上的 r 值和在 $r=0$ 的竖直线上的 z 值，并绘出相应于该四个应力值的 σ_z 等值线图。

解 （1）在地基中 $z=2$m 的水平面上指定点的附加应力 σ_z 的计算数据，见表 3-3；σ_z 的分布图如图 3-11 所示。

表 3-3　　　　　　　　　　　深度 $z=2$m 处的 σ_z 值

z(m)	r(m)	r/z	K	$\sigma_z = K\dfrac{P}{z^2}$(kPa)
2	0	0	0.4775	23.9
2	1	0.5	0.2733	13.7
2	2	1.0	0.0844	4.2
2	3	1.5	0.0251	1.3
2	4	2.0	0.0085	0.4

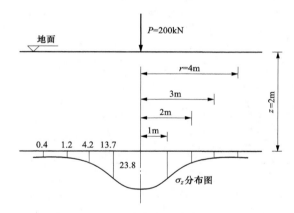

图 3-11　σ_z 分布图（单位：kPa）

（2）在 $r=0$ 的竖直线上，指定点的附加应力 σ_z 计算数据见表 3-4；σ_z 分布图如图 3-12 所示。

表 3-4　　　　　　　　　　　$r=0$ 的竖直线上的 σ_z 值

z(m)	r(m)	$\dfrac{r}{z}$	K（查表 3-2）	$\sigma_z = K\dfrac{P}{z^2}$(kPa)
0	0	0	0.4775	∞
1	0	0	0.4775	95.5
2	0	0	0.4775	23.8
3	0	0	0.4775	10.6
4	0	0	0.4775	6.0

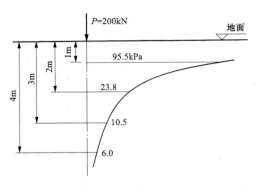

图 3-12 $r=0$ 时的不同深度的 σ_z 分布图（单位：kPa）

（3）当指定附加应力 σ_z 时，反算 $z=2\mathrm{m}$ 的水平面上的 r 值和在 $r=0$ 的竖直线上的 z 值的计算数据，见表 3-5；附加应力 σ_z 的等值线如图 3-13 所示。

表 3-5 指定 σ_z 值反算 r 值和 z 值

$\sigma_z(\mathrm{kPa})$	$z(\mathrm{m})$	$K=\dfrac{\sigma_z z^2}{P}$	$\dfrac{r}{z}$ （查表）	$r(\mathrm{m})$
20	2	0.4000	0.27	0.54
10	2	0.2000	0.65	1.30
4	2	0.0800	1.02	2.04
2	2	0.0400	1.30	2.60

$\sigma_z(\mathrm{kPa})$	$r(\mathrm{m})$	$\dfrac{r}{z}$	K （查表）	$z=\sqrt{\dfrac{KP}{\sigma_z}}$
20	0	0	0.4775	2.19
10	0	0	0.4775	3.09
4	0	0	0.4775	4.88
2	0	0	0.4775	6.91

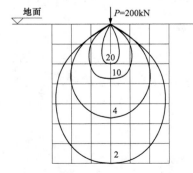

图 3-13 σ_z 等值线图（单位：kPa）

3.4.2 空间问题的附加应力计算

1. 矩形面积均布荷载下的地基附加应力

矩形基础通常是指 $l/b<10$ 的基础，其地基中任一点的附加应力与该点对 x、y、z 三轴的位置有关，属于空间问题。矩形面积上作用有竖向均布荷载，荷载强度为 p_0，求地基内各点的附加应力 σ_z。可先求出矩形面积角点下的附加应力，再利用"角点法"可求出任意点下的附加应力。

（1）角点下的附加应力。角点下的附加应力是指如图 3-14 所示，图中 O、A、C、D 四个角点下任意深度处的附加应力。只要深度 z 相同，则四个角点下的附加应力 σ_z 都相等。将坐标的原点取在角点 O 上，在荷载面积内任取微分面积 $\mathrm{d}A = \mathrm{d}x\,\mathrm{d}y$，并将其上作用的荷载以集中力 $\mathrm{d}P$ 代替，则 $\mathrm{d}P = p_0\mathrm{d}A = p_0\mathrm{d}x\,\mathrm{d}y$。利用式（3-13）即可求出该集中力在角点 O 以下深度 z 处 M 点的附加应力 $\mathrm{d}\sigma_z$，即

$$\mathrm{d}\sigma_z = \frac{3\mathrm{d}P}{2\pi}\frac{z^3}{R^5} = \frac{3p_0}{2\pi}\frac{z^3}{(x^2+y^2+z^2)^{5/2}}\mathrm{d}x\,\mathrm{d}y \tag{3-14}$$

将式（3-14）沿整个矩形面积 $OACD$ 积分，即可得出矩形面积上均布荷载 p_0 在 M 点引起的附加应力 σ_z，即

$$
\begin{aligned}
\sigma_z &= \int_0^l\int_0^b \frac{3p_0}{2\pi}\frac{z^3}{(x^2+y^2+z^2)^{5/2}}\mathrm{d}x\,\mathrm{d}y\\
&= \frac{p_0}{2\pi}\left[\arctan\frac{m}{n\sqrt{1+m^2+n^2}} + \frac{mn}{\sqrt{1+m^2+n^2}}\left(\frac{1}{m^2+n^2}+\frac{1}{1+n^2}\right)\right]
\end{aligned}
$$

令

$$K_c = \frac{p_0}{2\pi}\left[\arctan\frac{m}{n\sqrt{1+m^2+n^2}} + \frac{mn}{\sqrt{1+m^2+n^2}}\left(\frac{1}{m^2+n^2}+\frac{1}{1+n^2}\right)\right]$$

得

$$\sigma_z = K_c p_0 \tag{3-15}$$

式中：K_c 为均布矩形荷载角点下的竖向应力分布系数，简称角点应力系数，$K_c = f(m, n)$，无量纲，可从表 3-6 中查得，其中 $m = \dfrac{l}{b}$，$n = \dfrac{z}{b}$。

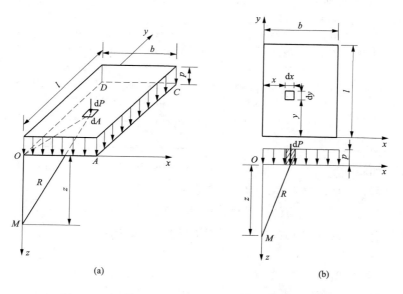

图 3-14　矩形面积均布荷载作用时角点下的附加应力

（a）三维图；（b）二维图

表 3-6　　　　　　　　　　矩形面积受竖直均布荷载作用角点下的 K_c 值

$m=l/b$ ／ $n=z/b$	1.0	1.2	1.4	1.6	1.8	2.0	3.0	4.0	5.0	6.0	10.0
0.0	0.2500	0.2500	0.2500	0.2500	0.2500	0.2500	0.2500	0.2500	0.2500	0.2500	0.2500
0.2	0.2486	0.2489	0.2490	0.2491	0.2491	0.2491	0.2492	0.2492	0.2492	0.2492	0.2492
0.4	0.2401	0.2420	0.2429	0.2434	0.2437	0.2439	0.2442	0.2443	0.2443	0.2443	0.2443
0.6	0.2229	0.2275	0.2300	0.2351	0.2324	0.2329	0.2339	0.2341	0.2342	0.2342	0.2342
0.8	0.1999	0.2075	0.2120	0.2147	0.2165	0.2176	0.2196	0.2200	0.2202	0.2202	0.2202
1.0	0.1752	0.1851	0.1911	0.1955	0.1981	0.1999	0.2034	0.2042	0.2044	0.2045	0.2046
1.2	0.1516	0.1626	0.1705	0.1758	0.1793	0.1818	0.1870	0.1882	0.1885	0.1887	0.1888
1.4	0.1308	0.1423	0.1508	0.1569	0.1613	0.1644	0.1712	0.1730	0.1735	0.1738	0.1740
1.6	0.1123	0.1241	0.1329	0.1436	0.1445	0.1482	0.1567	0.1590	0.1598	0.1601	0.1604
1.8	0.0969	0.1083	0.1172	0.1241	0.1294	0.1334	0.1434	0.1463	0.1474	0.1478	0.1482
2.0	0.0840	0.0947	0.1034	0.1103	0.1158	0.1202	0.1314	0.1350	0.1363	0.1368	0.1374
2.2	0.0732	0.0832	0.0917	0.0984	0.1039	0.1084	0.1205	0.1248	0.1264	0.1271	0.1277
2.4	0.0642	0.0734	0.0812	0.0879	0.0934	0.0979	0.1108	0.1156	0.1175	0.1184	0.1192
2.6	0.0566	0.0651	0.0725	0.0788	0.0842	0.0887	0.1020	0.1073	0.1095	0.1106	0.1116
2.8	0.0502	0.0580	0.0649	0.0709	0.0761	0.0805	0.0942	0.0999	0.1024	0.1036	0.1048
3.0	0.0447	0.0519	0.0583	0.0640	0.0690	0.0732	0.0870	0.0931	0.0959	0.0973	0.0987
3.2	0.0401	0.0467	0.0526	0.0580	0.0627	0.0668	0.0806	0.0870	0.0900	0.0916	0.0933
3.4	0.0361	0.0421	0.0477	0.0527	0.0571	0.0611	0.0747	0.0814	0.0847	0.0864	0.0882
3.6	0.0326	0.0382	0.0433	0.0480	0.0523	0.0561	0.0694	0.0763	0.0799	0.0816	0.0837
3.8	0.0296	0.0348	0.0395	0.0439	0.0479	0.0516	0.0645	0.0717	0.0753	0.0773	0.0796
4.0	0.0270	0.0318	0.0362	0.0403	0.0441	0.0474	0.0603	0.0674	0.0712	0.0733	0.0758
4.2	0.0247	0.0291	0.0333	0.0371	0.0407	0.0439	0.0563	0.0634	0.0674	0.0696	0.0724
4.4	0.0227	0.0268	0.0306	0.0343	0.0376	0.0407	0.0527	0.0597	0.0639	0.0662	0.0696
4.6	0.0209	0.0247	0.0283	0.0317	0.0348	0.0378	0.0493	0.0564	0.0606	0.0630	0.0663
4.8	0.0193	0.0229	0.0262	0.0294	0.0324	0.0352	0.0463	0.0533	0.0576	0.0601	0.0635
5.0	0.0179	0.0212	0.0243	0.0274	0.0302	0.0328	0.0435	0.0504	0.0547	0.0573	0.0610
6.0	0.0127	0.0151	0.0174	0.0196	0.0218	0.0233	0.0325	0.0388	0.0431	0.0460	0.0506
7.0	0.0094	0.0112	0.0130	0.0147	0.0164	0.0180	0.0251	0.0306	0.0346	0.0376	0.0428
8.0	0.0073	0.0087	0.0101	0.0114	0.0127	0.0140	0.0198	0.0246	0.0283	0.0311	0.0367
9.0	0.0058	0.0069	0.0080	0.0091	0.0102	0.0112	0.0161	0.0202	0.0235	0.0262	0.0319
10.0	0.0047	0.0056	0.0065	0.0074	0.0083	0.0092	0.0132	0.0167	0.0198	0.0222	0.0280

　　（2）任意点的附加应力——"角点法"。对于均布荷载下地基中任意点的附加应力可利用式（3-15）和应力叠加原理求得，称为"角点法"。选取地基中的任一 M 点向基底平面上投影得到 o 点，通过 o 点作相应的辅助线，使其成为几个小矩形的公共角点，o 点以下任意深度 z 处的附加应力，等于这几块小矩形荷载在该深度处所引起的应力之和。采用角点法通常有以下四种情况（见图 3-15）：

　　1）o 点在矩形荷载面以内，如图 3-15（a）所示，o 点为 4 个小矩形的公共角点，则 o 点下任意深度 z 处的附加应力 σ_z 为

$$\sigma_z = (K_{cI} + K_{cII} + K_{cIII} + K_{cIV}) p_0 \tag{3-16}$$

　　2）o 点在矩形荷载面边缘，如图 3-15（b）所示，o 点为 2 个小矩形的公共角点，则 o

点下任意深度 z 处的附加应力 σ_z 为

$$\sigma_z = (K_{cI} + K_{cII}) p_0 \tag{3-17}$$

3) o 点在矩形荷载面以外，如图 3-15（c）所示，o 点为 4 个小矩形的公共角点，则 o 点下任意深度 z 处的附加应力 σ_z 为

$$\sigma_z = (K_{cI} - K_{cII} + K_{cIII} - K_{cIV}) p_0 \tag{3-18}$$

4) o 点在矩形荷载面角点外侧，如图 3-15（d）所示，o 点为 4 个小矩形的公共角点，则 o 点下任意深度 z 处的附加应力 σ_z 为

$$\sigma_z = (K_{cI} - K_{cII} - K_{cIII} + K_{cIV}) p_0 \tag{3-19}$$

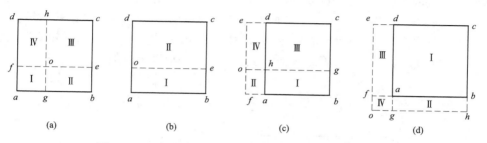

图 3-15　以角点法计算均布矩形荷载下的地基附加应力
（a）荷载面内；（b）荷载面边缘；（c）荷载面边缘外侧；（d）荷载面角点外侧

【例 3-3】　有一均布荷载 $p_0 = 100\text{kPa}$，荷载面积为 $2\text{m} \times 1\text{m}$，如图 3-16 所示。求荷载面积上角点 A、边点 E、中心点 O 以及荷载面积外 F 点和 G 点等各点下 $z = 1\text{m}$ 深度处的附加应力，并说明附加应力的扩散规律。

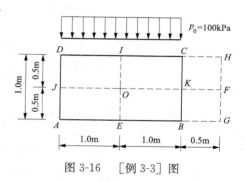

图 3-16　[例 3-3] 图

解　（1）A 点下的附加应力。A 点是矩形 $ABCD$ 的角点，且 $m = l/b = 2$；$n = z/b = 1$，查表 3-6 得 $K_c = 0.1999$，故

$$\sigma_{zA} = K_c p_0 = 0.1999 \times 100 = 20(\text{kPa})$$

（2）E 点下的附加应力。通过 E 点将矩形荷载面积划分为两个相等的矩形 $EADI$ 和 $EBCI$。先求 $EADI$ 的角点应力系数 K_c，由于 $m = l/b = 1$，$n = z/b = 1$ 查表得 $K_c = 0.1752$，故

$$\sigma_{zE} = 2K_c p_0 = 35(\text{kPa})$$

（3）O 点下的附加应力。通过 O 点将原矩形面积分为 4 个相等的矩形 $OEAJ$，$OJDI$，$OICK$ 和 $OKBE$。求 $OEAJ$ 角点的附加应力系数 K_c，由于 $m = l/b = 1/0.5 = 2$，$n = z/b = 1/0.5 = 2$，查表得 $K_c = 0.1202$，故

$$\sigma_{zO} = 4K_c p_0 = 48.1(\text{kPa})$$

（4）F 点下附加应力。过 F 点作矩形 $FGAJ$，$FJDH$，$FGBK$ 和 $FKCH$。假设 K_{cI} 为矩形 $FGAJ$ 和 $FJDH$ 的角点应力系数；K_{cII} 为矩形 $FGBK$ 和 $FKCH$ 的角点应力系数。

求 K_{cI}，由于 $m = l/b = 2.5/0.5 = 5$，$n = z/b = 1/0.5 = 2$，查表得 $K_{cI} = 0.1363$

求 $K_{cⅡ}$，由于 $m=l/b=0.5/0.5=1$，$n=z/b=1/0.5=2$，查表得 $K_{cⅡ}=0.0840$

故　　　　$\sigma_{zF}=2(K_{cⅠ}-K_{cⅡ})p_0=10.5(\text{kPa})$

（5）G 点下附加应力。通过 G 点作矩形 $GADH$ 和 $GBCH$ 分别求出它们的角点应力系数 $K_{cⅠ}$ 和 $K_{cⅡ}$。

求 $K_{cⅠ}$，由于 $m=l/b=2.5/1=2.5$，$n=z/b=1/1=1$，查表得 $K_{cⅠ}=0.2016$。

求 $K_{cⅡ}$，由于 $m=l/b=1/0.5=2$，$n=z/b=1/0.5=2$，查表得 $K_{cⅡ}=0.1202$。

故　　　　$\sigma_{zG}=(K_{cⅠ}-K_{cⅡ})p_0=8.1(\text{kPa})$

将计算结果绘成如图 3-17 所示，可以看出，当矩形面积受均布荷载作用时，不仅在受荷面积垂直下方的范围内产生附加应力，而且在荷载面积以外的地基土中（F、G 点下方）也会产生附加应力。在地基中同一深度处（例如 $z=1m$），离受荷面积中线愈远的点，σ_z 值愈小，矩形面积中点处 σ_{zO} 最大。将中点 O 下和 F 点下不同深度的 σ_z 求出并绘成曲线，如图 3-17（b）所示。本例题的计算结果证实了上面所述的地基中附加应力的扩散规律。

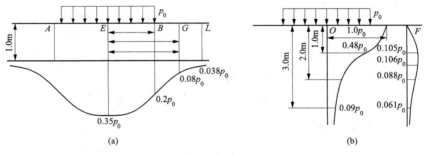

图 3-17　［例 3-3］计算结果

（a）$z=1m$ 处附加应力分布；（b）岩深度附加应力分布

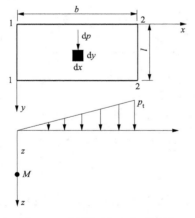

图 3-18　矩形面积三角形分布
荷载下地基中附加应力计算

2. 矩形面积三角形分布荷载下的地基附加应力

设竖向荷载在矩形面积上沿 x 轴方向呈三角形分布，而沿 y 轴均匀分布，荷载的最大值为 p_t，取荷载零值边的角点 1 为坐标原点，如图 3-18 所示。与均布荷载相同，以 $dp_t=\dfrac{x}{b}p_t\,dxdy$ 代替微元面积 $dA=dxdy$ 上的集中荷载，根据式（3-13）可得集中力引起的角点 1 下深度 z 处 M 点的附加应力 $d\sigma_z$，即

$$d\sigma_z=\frac{3}{2\pi}\frac{p_t xz^3}{b(x^2+y^2+z^2)^{5/2}}dxdy \qquad (3-20)$$

在整个矩形荷载面积进行积分后得角点 1 下某深度 z 处的竖向附加应力 σ_z，即

$$\sigma_z=K_{t1}p_t \qquad (3-21)$$

$$K_{t1}=\frac{mn}{2\pi}\left[\frac{1}{\sqrt{m^2+n^2}}-\frac{n^2}{(1+n^2)\sqrt{1+m^2+n^2}}\right]$$

式中：K_{t1} 为矩形面积竖直三角形荷载角点 1 下的附加应力分布系数，K_{t1} 为 $m=l/b$ 和 $n=z/b$ 的函数，可查表 3-7。需要注意的是，b 是沿三角形分布荷载方向的长度。

同理，可得受荷面积角点 2 下深度 z 处的竖向附加应力 σ_z，即

$$\sigma_z = K_{t2} p_t = (K_c - K_{t1}) p_t \tag{3-22}$$

式中：K_{t2} 为角点 2 下的附加应力分布系数，可由 l/b 和 z/b 查表 3-7 得到。

表 3-7　　　　　矩形面积上竖直三角形分布荷载作用下的附加应力系数 K_{t1} 和 K_{t2}

z/b	l/b									
	0.2		0.4		0.6		0.8		1.0	
	点 1	点 2	点 1	点 2	点 1	点 2	点 1	点 2	点 1	点 2
0.0	0.0000	0.2500	0.0000	0.2500	0.0000	0.2500	0.0000	0.2500	0.0000	0.2500
0.2	0.0223	0.1821	0.0280	0.2115	0.0296	0.2165	0.0301	0.2178	0.0304	0.2182
0.4	0.0269	0.1094	0.0420	0.1604	0.0487	0.1781	0.0517	0.1844	0.0531	0.1870
0.6	0.0259	0.0700	0.0448	0.1165	0.0560	0.1405	0.0621	0.1520	0.0654	0.1575
0.8	0.0232	0.0480	0.0421	0.0853	0.0553	0.1093	0.0637	0.1232	0.0688	0.1311
1.0	0.0201	0.0346	0.0375	0.0638	0.0508	0.0805	0.0602	0.0996	0.0666	0.1086
1.2	0.0171	0.0260	0.0324	0.0491	0.0450	0.0673	0.0546	0.0807	0.0615	0.0901
1.4	0.0145	0.0202	0.0278	0.0386	0.0392	0.0540	0.0483	0.0661	0.0554	0.0751
1.6	0.0123	0.0160	0.0238	0.0310	0.0339	0.0440	0.0424	0.0547	0.0492	0.0628
1.8	0.0105	0.0130	0.0204	0.0254	0.0294	0.0363	0.0371	0.0457	0.0435	0.0534
2.0	0.0090	0.0108	0.0176	0.0211	0.0255	0.0304	0.0324	0.0387	0.0384	0.0456
2.5	0.0063	0.0072	0.0125	0.0140	0.0183	0.0205	0.0236	0.0265	0.0284	0.0318
3.0	0.0046	0.0051	0.0092	0.0100	0.0135	0.0148	0.0176	0.0192	0.0214	0.0233
5.0	0.0018	0.0019	0.0036	0.0038	0.0054	0.0056	0.0071	0.0074	0.0088	0.0091
7.0	0.0009	0.0010	0.0019	0.0019	0.0028	0.0029	0.0038	0.0038	0.0047	0.0047
10.0	0.0005	0.0004	0.0009	0.0010	0.0014	0.0014	0.0019	0.0019	0.0023	0.0024

z/b	l/b									
	1.2		1.4		1.6		1.8		2.0	
	点 1	点 2	点 1	点 2	点 1	点 2	点 1	点 2	点 1	点 2
0.0	0.0000	0.2500	0.0000	0.2500	0.0000	0.2500	0.0000	0.2500	0.0000	0.2500
0.2	0.0305	0.2184	0.0305	0.2185	0.0306	0.2185	0.0306	0.2185	0.0306	0.2185
0.4	0.0539	0.1881	0.0543	0.1886	0.0545	0.1889	0.0546	0.1891	0.0547	0.1892
0.6	0.0673	0.1602	0.0684	0.1616	0.0690	0.1625	0.0694	0.1630	0.0696	0.1633
0.8	0.0720	0.1355	0.0739	0.1381	0.0751	0.1396	0.0759	0.1405	0.0764	0.1412
1.0	0.0708	0.1143	0.0735	0.1176	0.0753	0.1202	0.0766	0.1215	0.0774	0.1225
1.2	0.0664	0.0962	0.0698	0.1007	0.0721	0.1037	0.0738	0.1055	0.0749	0.1069
1.4	0.0606	0.0817	0.0644	0.0864	0.0672	0.0897	0.0692	0.0921	0.0707	0.0937
1.6	0.0545	0.0696	0.0586	0.0743	0.0616	0.0780	0.0639	0.0806	0.0656	0.0826
1.8	0.0487	0.0596	0.0528	0.0644	0.0560	0.0681	0.0585	0.0709	0.0604	0.0730
2.0	0.0434	0.0513	0.0474	0.0560	0.0507	0.0596	0.0533	0.0625	0.0553	0.0649
2.5	0.0326	0.0365	0.0362	0.0405	0.0393	0.0440	0.0419	0.0469	0.0440	0.0491
3.0	0.0249	0.0270	0.0280	0.0303	0.0307	0.0333	0.0331	0.0359	0.0352	0.0380
5.0	0.0104	0.0108	0.0120	0.0123	0.0135	0.0139	0.0148	0.0154	0.0161	0.0167
7.0	0.0056	0.0056	0.0064	0.0066	0.0073	0.0074	0.0081	0.0083	0.0089	0.0091
10.0	0.0028	0.0028	0.0033	0.0032	0.0037	0.0037	0.0041	0.0042	0.0046	0.0046

z/b	l/b = 3.0 点1	点2	4.0 点1	点2	6.0 点1	点2	8.0 点1	点2	10.0 点1	点2
0.0	0.0000	0.2500	0.0000	0.2500	0.0000	0.2500	0.0000	0.2500	0.0000	0.2500
0.2	0.0306	0.2186	0.0306	0.2186	0.0306	0.2186	0.0306	0.2186	0.0306	0.2186
0.4	0.0548	0.1894	0.0549	0.1894	0.0549	0.1894	0.0549	0.1894	0.0549	0.1894
0.6	0.0701	0.1638	0.0702	0.1639	0.0702	0.1640	0.0702	0.1640	0.0702	0.1640
0.8	0.0773	0.1423	0.0776	0.1424	0.0776	0.1426	0.0776	0.1426	0.0776	0.1426
1.0	0.0790	0.1244	0.0794	0.1248	0.0795	0.1250	0.0796	0.1250	0.0796	0.1250
1.2	0.0774	0.1096	0.0779	0.1103	0.0782	0.1105	0.0783	0.1105	0.0783	0.1105
1.4	0.0739	0.0973	0.0748	0.0986	0.0752	0.0986	0.0752	0.0987	0.0753	0.0987
1.6	0.0697	0.0870	0.0708	0.0882	0.0714	0.0887	0.0715	0.0888	0.0715	0.0889
1.8	0.0652	0.0782	0.0666	0.0797	0.0673	0.0805	0.0675	0.0806	0.0675	0.0808
2.0	0.0607	0.0707	0.0624	0.0726	0.0634	0.0734	0.0636	0.0736	0.0636	0.0738
2.5	0.0504	0.0559	0.0529	0.0585	0.0543	0.0601	0.0547	0.0604	0.0548	0.0605
3.0	0.0419	0.0451	0.0449	0.0482	0.0469	0.0504	0.0474	0.0509	0.0476	0.0511
5.0	0.0214	0.0221	0.0248	0.0256	0.0253	0.0290	0.0296	0.0303	0.0301	0.0309
7.0	0.0124	0.0126	0.0152	0.0154	0.0186	0.0190	0.0204	0.0207	0.0212	0.0216
10.0	0.0066	0.0066	0.0084	0.0083	0.0111	0.0111	0.0123	0.0130	0.0139	0.0141

应用均布和三角形分布荷载的角点下的附加应力公式及叠加原理，可以求得矩形面积上三角形或梯形竖向荷载作用下地基内任意一点的附加应力。

3.4.3 平面问题的附加应力计算

当一定宽度的无限长条面积承受均布荷载时，在土中垂直于长度方向的任一截面上的附加应力分布规律相同，且在长条延伸方向地基的应变和位移均为 0，与长度无关。对此类问题，地基内附加应力仅为坐标 x、z 的函数，而与坐标 y 无关，这类问题在工程上称为平面问题。只要算出任一截面上的附加应力，即可代表其他平行截面。研究表明，当基础的长度比 $l/b \geqslant 10$ 时，计算的地基附加应力值与按 $l/b = \infty$ 时的解相差甚微。例如，建筑房屋墙的基础、道路的路堤或水坝等构筑物地基中的附加应力计算，均属于平面问题。一般来说，架空输电线路杆塔基础地基中的附加应力按空间问题来求解。

均布圆形荷载中点及周边下的附加应力系数 K_0 和 K_r 见表 3-8。

表 3-8 　均布圆形荷载中点及周边下的附加应力系数 K_0 和 K_r

z/r_0	K_0	K_r	z/r_0	K_0	K_r	z/r_0	K_0	K_r
0.0	1.000	0.500	1.6	0.390	0.244	3.2	0.130	0.103
0.1	0.999	0.482	1.7	0.360	0.229	3.3	0.124	0.099
0.2	0.993	0.464	1.8	0.332	0.217	3.4	0.117	0.094
0.3	0.976	0.447	1.9	0.307	0.204	3.5	0.111	0.089
0.4	0.949	0.432	2.0	0.285	0.193	3.6	0.106	0.084
0.5	0.911	0.412	2.1	0.264	0.182	3.7	0.100	0.079
0.6	0.864	0.374	2.2	0.246	0.172	3.8	0.096	0.074
0.7	0.811	0.369	2.3	0.229	0.162	3.9	0.091	0.070
0.8	0.756	0.263	2.4	0.211	0.154	4.0	0.087	0.066
0.9	0.701	0.347	2.5	0.200	0.146	4.2	0.079	0.058
1.0	0.646	0.332	2.6	0.187	0.139	4.4	0.073	0.052
1.1	0.595	0.313	2.7	0.175	0.133	4.6	0.067	0.049
1.2	0.547	0.303	2.8	0.165	0.125	4.8	0.062	0.047
1.3	0.502	0.286	2.9	0.155	0.119	5.0	0.057	0.045
1.4	0.461	0.270	3.0	0.146	0.113			
1.5	0.424	0.256	3.1	0.138	0.108			

3.5 地基中附加应力相关问题

3.5.1 地基中附加应力的分布规律

（1）σ_z 不仅发生在荷载面积之下，而且分布在荷载面积外相当大的范围；

（2）在荷载分布范围内任意点沿垂线的 σ_z 值，随深度的增加而减小；

（3）在基础底面下任意水平面上，以基底中心点下轴线处的 σ_z 为最大，距离中轴线愈远则愈小。

地基中附加应力的分布规律还可以用"等值线"来表达（见图 3-19）。比较图 3-19（a）和图 3-19（b）可知，方形荷载所引起的 σ_z 的影响深度比条形荷载小。如图 3-19（c）和图 3-19（d）所示的条形荷载下的 σ_x 和 τ_{xz} 的等值线可知，σ_x 的影响范围较浅，所以地基土的

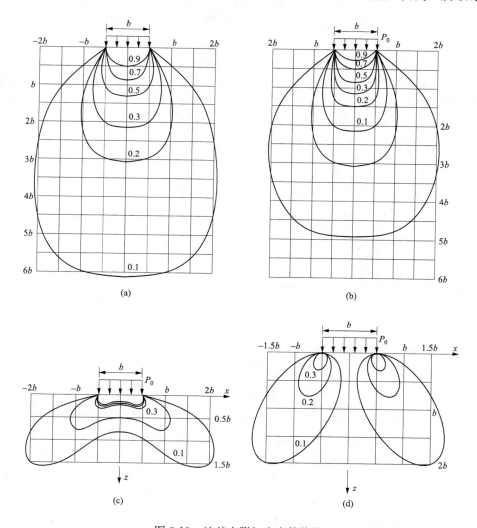

图 3-19 地基中附加应力等值线

（a）等 σ_z 线（条形荷载）；（b）等 σ_z 线（方形荷载）；（c）等 σ_x 线（条形荷载）；（d）等 τ_{xz} 线（条形荷载）

侧向变形主要发生在浅层；τ_{xz} 的最大值出现在荷载边缘，所以位于基础边缘下的土容易发生剪切破坏。

3.5.2 非均质地基中的附加应力

将地基土假定为均质的、各向同性的线性变形体，按照弹性理论计算附加应力。然而，地基土并非所假定的那样，有的是由不同压缩性土组成的成层地基；有的是同一土层的压缩性随深度增加而减小；有的土层竖直方向的性质不同，这些都将影响地基土中附加应力的分布。此时，应考虑地基土的非线性、非均质和各向异性对附加应力分布的影响。

1. 非线性材料的影响

研究表明，非线性对于土体的竖直附加应力有一定的影响，最大误差可达到 25%～30%；对水平附加应力也有显著的影响。

2. 成层地基的影响

天然土层往往是成层的，还可能具有尖灭和透镜体等交错层理构造，使土体呈现不均匀性和各向异性，造成其变形特性差别较大。例如在软土地区，常常可以遇到一层硬黏土或者密实的砂土覆盖在较软弱的土层上；在山区，常见厚度不大的可压缩土层覆盖于绝对刚性的岩层上。在这种情况下，地基土中的应力分布显然与连续均质土体不同。

由弹性理论解得知，当土层出现上软下硬情况，上层土中荷载中轴线附近的附加应力将比均质半无限体时增大；离开中轴线，附加应力逐渐减小，远至某一距离后，附加应力小于均匀半无限体时的应力。这种现象称为"应力集中"现象，如图 3-20（a）所示。应力集中的程度主要与荷载宽度 b 与压缩层厚度 H 的比值有关，随着 H/b 的增大，应力集中现象减弱。

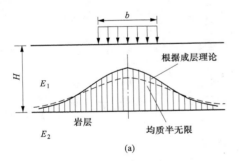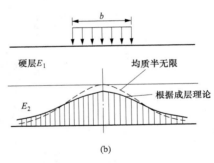

图 3-20　非均质和各向异性地基对附加应力的影响（虚线表示均质地基中水平面上的附加应力分布）
(a) 应力集中现象；(b) 应力扩散现象

当土层出现上硬下软情况，即 $E_1 > E_2$ 时，将出现硬层下面、荷载中轴线附近应力减小的应力扩散现象，如图 3-20（b）所示。应力扩散的结果使应力分布比较均匀，从而使地基沉降也趋于均匀。在进行道路工程的路面设计时，经常用一层比较坚硬的路面来降低地基中的应力集中，减小路面因不均匀变形而破坏，就是这个道理。

对天然沉积的土层而言，其沉积条件和应力状态常常造成土体具有各向异性。例如，具有层状结构的黏土，在垂直方向和水平方向的变形模量 E 就不相同。土体的各向异性也会影响到该土层中的附加应力分布。研究表明，土在水平方向上的变形模量 E_x（或 E_y）与竖直方向上的变形模量 E_z 并不相等。但当土的泊松比相同时，若 $E_x > E_z$，则在各向异性地基中将出现应力扩散现象；若 $E_x < E_z$，地基中将出现应力集中现象。

3.6　有效应力原理

当地基受外力作用时，土骨架和孔隙水分别受力，形成两个独立的受力体系。两个力系各自保持平衡但又互相联系，主要表现在其对应力的分担和互相传递。土的体积变形依据于孔隙体积的压缩，而土的抗剪强度取决于颗粒间的连接情况，其本质是土的变形与强度取决于颗粒之间传递应力的大小。太沙基早在 1923 年就提出了有效应力原理和固结理论，阐明了碎散颗粒材料与连续固体材料在应力—应变关系上的重大区别。有效应力原理是土力学区别于一般固体力学的一个最重要的原理。

3.6.1　有效应力及孔隙水压力

土中的有效应力是指土中固体颗粒接触点传递的粒间应力，用 σ' 表示。如果土体中的孔隙是互相连通而又充满着水，则孔隙中的水服从静水压力的分布规律。这种由孔隙水传递的压力，称为孔隙水压力，用 u 表示。由于孔隙水在土体中一点各方向产生的压力相等，它只能压缩土粒本身但不能使土粒产生位移，而土粒本身的压缩量可忽略不计。如图 3-21 所示为某一单位断面的饱和土体，在水平断面 a-a 处，每单位面积粒间接触点处垂直分力的总和为有效应力。若在单位断面积 a-a 上粒间接触点的面积为 A，则孔隙水压力作用的面积为 $1-A$。因此，饱和土体垂直方向所受的总应力（σ）为有效应力与孔隙水压力之和，即

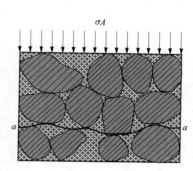

图 3-21　土中单位面积上的平均
总应力和有效应力

$$\sigma = \sigma' + u(1-A) \tag{3-23}$$

研究表明，粒间接触面积 A 非常小，可忽略，式（3-23）可简化为

$$\sigma = \sigma' + u \tag{3-24}$$

当总应力一定时，若土体中孔隙水压力有所增减，势必相应地引起土内有效应力的变化，从而影响土体的固结程度。因此得到重要的有效应力原理：①饱和土体内任一平面上受到的总应力总是等于有效应力加上孔隙水压力；②土的有效应力控制了土的压缩变形及强度。对非饱和土体，孔隙中存在有封闭的气泡和与大气连通的气体，水在孔隙中是不连续的。这时土的孔隙压力为孔隙水压力（u_w）和孔隙气压力（u_a）之和。对于非饱和土的有效应力，可由下式给出

$$\sigma = \sigma' + u_a - x(u_a - u_w) \tag{3-25}$$

式中：x 为与饱和度有关的参数。

对于饱和土，$x=1$；对于干土，$x=0$，式（3-25）可变为

$$\sigma = \sigma' + u_a \tag{3-26}$$

3.6.2　自重应力作用下的两种应力

如图 3-22 所示为处于地面及水下的饱和土层，在地下水下 h_2 深处的 A 点，由于土体自重对地面以下 A 点处作用的垂向总应力为

$$\sigma = \gamma h_1 + \gamma_{sat} h_2 \tag{3-27}$$

式中：γ 为地面以下地上水以上土的重度，kN/m^3；γ_{sat} 为土的饱和重度，kN/m^3。

根据有效应力原理，由于土体自重对 A 点作用的有效应力为

$$\sigma' = \sigma - u = \gamma h_1 + \gamma'_{sat} h_2 \qquad (3-28)$$

式中：γ'_{sat} 为土的有效重度，kN/m^3。

当地下水位以上某个高度 h_c 范围内出现毛细饱和区时（见图3-23），毛细区内的水呈张拉状态，故孔隙水压力是负值。毛细水压力分布规律与静水压力分布相同，任一点的孔隙水压力 $u_c = -\gamma_w z$，z 为该点至地下水位之间的垂直距离，离开地下水位越高，毛细负孔压绝对值越大，在饱和区最高处 $u_c = -h_c \gamma_w$，至地下水位处 $u_c = 0$，其孔隙水压力分布如图 3-23 所示。由于 u 是负值，根据有效应力原理，毛细饱和区的有效应力 σ' 将会比总应力增大，即 $\sigma' = \sigma - (-u) = \sigma + u$。

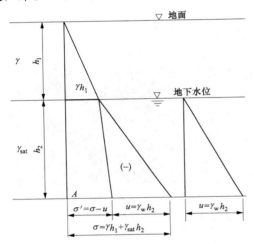

图 3-22　饱和土层的自重应力

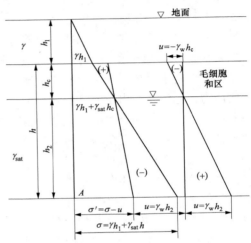

图 3-23　含有毛细饱和区土的自重应力

3.6.3　渗流作用下的两种应力

当土中有地下水渗流时，土中水将对土颗粒作用渗流（动水）力，这必然影响到土中有效应力的分布。如图 3-24（a）所示的土层，当由于水头差而发生自下而上渗流时，其土层表面以上的水柱为 Δh，土层以下 h 深度处 A 点的总应力为 $\sigma = \gamma_{sat} h$，孔隙水压力为 $u = \gamma_w(h + \Delta h)$，有效应力为 $\sigma' = \gamma_{sat} h - \gamma_w(h + \Delta h) = \gamma' h - \gamma_w \Delta h$。如图 3-24（b）所示的土层中，由于水头差而发生自上而下的渗流时，A 点的总应力为 $\sigma = \gamma_{sat} h$，孔隙水压力为 $u = \gamma_w(h - \Delta h)$，有效应力为 $\sigma' = \gamma_{sat} h - \gamma_w(h - \Delta h) = \gamma' h + \gamma_w \Delta h$。

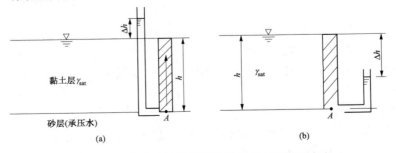

图 3-24　稳定渗流情况下的孔隙水压力及有效应力

（a）自下而上渗流；（b）自上而下渗流

在渗流产生的渗透力的作用下，其有效应力与渗流作用的方向有关。当自上而下渗流时，将使有效应力增加，因而对土体的稳定性有利。反之，则有效应力减小，对土体的稳定性不利。若有效应力减为 0，可能发生所谓的流砂和管涌现象，造成地基或边坡的失稳。

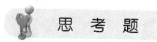

（扫一扫
查看参考答案）

1. 为什么说在一般情况下，土的自重应力不会引起土的压缩变形，但当地下水位下降时，会使土产生下沉呢？

2. 什么是基底压力？影响基底压力分布的因素有哪些？工程中如何计算中心荷载和偏心荷载下的基底压力？

3. 试简述基底压力、基底附加压力和地基中的附加应力间的联系和区别？

4. 地基附加应力分布规律有哪些？

5. 假设作用于基础底面的总压力不变，若埋置深度增加，将对土中附加应力有何影响？

6. 何为角点法？如何利用角点法计算基底面下任意点的附加应力？

7. 非均质地基中的附加应力与哪些因素有关？对于上软下硬或上硬下软的双层地基，在软硬层分界面上的应力分布较均质土有何区别？

8. 什么是有效应力原理？

9. 稳定渗流时土中孔隙应力与有效自重应力如何计算？

习　　题

1. 有一多层地基剖面如图 3-25 所示。试计算各层土的自重应力，并绘制自重应力分布图。

2. 已知某矩形基础如图 3-26 所示，长度为 14m，宽度为 10m。假定基底压力均匀分布，计算基础底面以下深度 10m 处，长边中心线上基础以外 6m 处 A 点的竖向附加应力是基础中心 O 点的百分之几？（答案：19.5%）

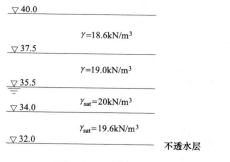

图 3-25　习题 1 图

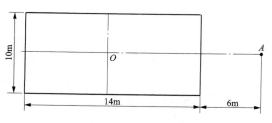

图 3-26　习题 2 图

3. 甲、乙两铁塔基础柱基横截面尺寸如图 3-27 所示，两基础间距为 6m。上部结构传到柱基的中心荷重 $F=1940$kN（算至地面），基础埋深为 1.5m。考虑相邻基础的影响，试求乙基础中心点 O 下 $z=5$m 的附加应力 σ_z（基底以上土的重度为 $\gamma=18$kN/m³）。（答案：38.05kPa）

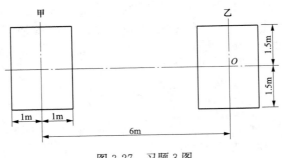

图 3-27 习题 3 图

4. 如图 3-28 所示的柱下台阶式基础底面尺寸为 5m×2.5m。试计算基底压力、基底附加压力，以及基底中心点下 2.5m 处的附加应力。（答案：85.57kPa）

5. 有相邻两荷载基础面 A 和 B，其尺寸、相对位置及所受荷载如图 3-29 所示。考虑相邻荷载面的影响，试求 A 荷载面中心点以下深度 $z=2$m 处的竖向附加应力。（答案：53.07kPa）

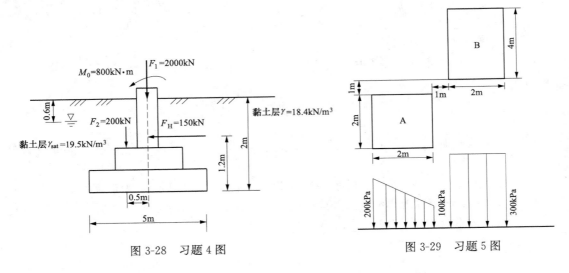

图 3-28 习题 4 图   图 3-29 习题 5 图

第 4 章 杆塔地基沉降量计算

4.1 概　　述

输电杆塔等建筑物的荷载通过基础传给地基。并在地基中扩散。由于土是可压缩的，地基在附加应力作用下必然会发生一定的变形，从而引起杆塔基础的沉降。地基最终沉降量的大小，一方面取决于建筑物荷载的大小和分布；另一方面取决于地基土层的类型、分布、各土层的厚度和压缩性。另外，欠固结土层的自重、地下水位下降、水的渗流以及施工等因素也可引起基础的下沉。

根据建筑物的变形特征，可将地基变形分为沉降量、沉降差、倾斜和局部倾斜等。不同类型的建筑物，对这些变形特征值有不同的要求，地基沉降量是其他变形特征值的基本量。一旦沉降量确定后，其他特征值便可求得。地基的均匀沉降一般对建筑物危害较小，但当均匀沉降过大，将影响建筑物的正常使用。地基的不均匀沉降对建筑物的危害很大，较大的沉降差或倾斜可能导致建筑物的开裂或局部构件断裂，严重危及建筑物的安全。

本章主要介绍土的压缩性、压缩性指标的确定、输电杆塔地基最终沉降量计算的常用方法、应力历史对土的压缩性和固结沉降的影响。

4.2　土　的　压　缩　性

土的压缩性是指土在压力作用下体积缩小的特性。土是由固、液和气三相物质组成的，土体积的缩小必然是土的三相组成部分中各部分体积缩小的结果。土的压缩变形主要源于以下三个方面：①土粒本身的压缩变形；②孔隙中不同形态的水和气体的压缩变形；③孔隙中水和气体有一部分被挤出，土的颗粒相互靠拢使孔隙体积减小。研究表明，在一般压力（100~600kPa）作用下，土粒与孔隙水本身的压缩量很小，不到土体总压缩量的 1/400，可忽略不计。所以土的压缩是指土中水和气体从孔隙中排出，土中孔隙体积缩小；与此同时，土颗粒相应调整位置，重新排列，使土体变得更加紧密。

土在压力作用下，压缩量随时间增长的过程称为土的固结。由于水和气体向外排出需要一个时间过程，因此土的固结需要经过一段时间才能完成。对于饱和土来说，孔隙中充满水，土的压缩主要是孔隙中的水被挤出而引起孔隙体积减小，压缩过程与排水过程一致，含水率逐渐减小。饱和砂土的孔隙较大，透水性较强，在压力作用下孔隙中的水很快被排出，固结很快就能完成。而对于饱和黏性土，由于透水性弱，在压力作用下孔隙中的水不可能很快被排出，因而固结需要很长时间才能完成。一般情况下，砂土在施工完毕后压缩基本完成，而黏性土尤其是饱和软黏土则需要几年甚至几十年才能压缩稳定。

4.2.1　侧限压缩试验及压缩曲线

1. 压缩试验

室内侧限压缩试验（也称固结试验）是研究土压缩性的最基本方法。对一般工程而言，当土层厚度较小时，常用侧限压缩试验来研究土的压缩性。采用的试验装置是压缩仪（也称固结仪），其主要构造如图 4-1 所示，它是由刚性护环、透水石、环刀和加压活塞等部分组成。

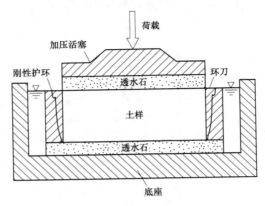

图 4-1　侧限压缩试验装置

　　室内压缩试验就是把钻探取得的原状土样在没有侧向膨胀条件下进行的压缩试验，测定土的应力—应变关系及其压缩性指标。试验时，用金属环刀（常用内径为 61.8mm 和 79.8mm）切取厚度为 20mm 的圆柱形试样，连同环刀置于刚性护环中。试样上下放透水石，以便土样受压后土中孔隙水排出。由于土样受到环刀和护环等刚性护壁的限制，不可能发生侧向膨胀，在压缩过程中只能发生竖向变形，故称为侧限压缩试验。如果土样是在地下水位线以下取出的，在试验时要在护环内注水，保持土样浸在水中，防止水分蒸发。试验的目的是要确定土样在各级压力作用下孔隙比的变化，并据此绘制土的压缩曲线。

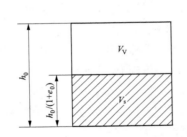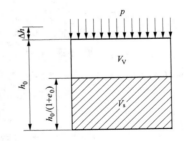

图 4-2　压缩试验中土样孔隙比的变化

　　2. 土的压缩曲线

　　假设试验前土样的横截面积为 A，土样的原始高度为 h_0，原始孔隙比为 e_0。当加压 p 后，土样的压缩量为 Δh，土样高度由 h_0 减至 $h = h_0 - \Delta h$，相应的孔隙比由 e_0 减至 e_1，如图 4-2 所示。由于土样压缩时不可能发生侧向膨胀，故压缩前后土样的横截面积不变。压缩过程中土粒体积也是不变的，根据加压前后土粒体积相等，可得

$$\frac{h_0}{1 + e_0} = \frac{h}{1 + e_1} \tag{4-1}$$

将 $h = h_0 - \Delta h$ 代入式（4-1），整理得

$$e_1 = e_0 - \frac{\Delta h}{h_0}(1 + e_0) \tag{4-2}$$

式中：e_0 为土样的初始孔隙比，$e_0 = \dfrac{d_s(1 + \omega_0)\rho_w}{\rho_0} - 1$；$d_s$、$\rho_0$ 和 ω_0 分别为土粒的相对密度、土样的初始密度及孔隙率。

同理，各级压力 p_i 作用下土样压缩稳定后相应的孔隙比 e_i 为

$$e_i = e_0 - \frac{\Delta h_i}{h_0}(1 + e_0) \tag{4-3}$$

上式中 e_0 与 h_0 值已知，求得各级压力下的孔隙比后，待其压缩稳定后，测读其垂直变形量，在 1h 内的测微表读数变化不超过 0.005mm 时则可认为变形稳定。以纵坐标为孔隙比 e，横坐标为压力 p，便可根据压缩试验结果绘制 e-p 曲线，亦称作压缩曲线，如图 4-3 所示。

从压缩曲线的形状可以看出，压力较小时曲线较陡，随着压力逐渐增加，曲线逐渐变缓，这说明地基土在压力增量不变情况下进行压缩，其压缩变形的增量是递减的。这是因为在完全侧限条件下压缩，在开始加压时接触不稳定的土粒首先发生位移，孔隙体积减小迅速，因而曲线的斜率较大。随

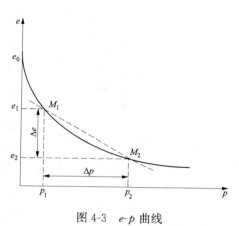

图 4-3　e-p 曲线

着压力的增加，进一步的压缩主要是孔隙中水与气体的挤出，当水与气体不再被挤出时，土的压缩逐渐停止，曲线逐渐趋于平缓。

4.2.2　压缩性指标

1. 压缩系数

压缩性不同的土，其压缩曲线的形状是不同的。曲线的斜率反映了土压缩性的大小。曲线越陡，说明在相同的压力增量作用下，土的孔隙比减少得越显著，因而土的压缩性越高。因此，可用曲线上任一点的切线斜率 α 来表示相应于压力 p 作用下土的压缩性，即

$$\alpha = \tan\alpha = -\frac{\mathrm{d}e}{\mathrm{d}p} \tag{4-4}$$

式中：负号表示随着压力 p 的增加，孔隙比 e 逐渐减小。

当压力的变化范围不大时，土的压缩曲线可近似用如图 4-3 所示中的 $M_1 M_2$ 割线来代替。若 M_1 点的压力为 p_1，相应孔隙比为 e_1；M_2 点的压力为 p_2，相应孔隙比为 e_2；则 $M_1 M_2$ 段的斜率可用式（4-5）表示，即

$$\alpha = -\frac{\Delta e}{\Delta p} = \frac{e_1 - e_2}{p_2 - p_1} \tag{4-5}$$

式中：α 为土的压缩系数，kPa^{-1} 或 MPa^{-1}；p_1 为地基中某深度处土的自重应力，kPa；p_2 为地基中某深度处自重应力与附加应力之和，kPa；e_1 为相应于 p_1 作用下压缩稳定后土的孔隙比；e_2 为相应于 p_2 作用下压缩稳定后土的孔隙比。

压缩系数 α 是表征土压缩性大小的重要指标之一。其值越大，表明在某压力变化范围内孔隙比减小得越多，压缩性就越高。为便于应用和比较，常采用 $p_1 = 100\mathrm{kPa}$ 和 $p_2 =$

200kPa 时相应的压缩系数 α_{1-2} 作为评定土压缩性高低的指标，即

　　$\alpha_{1-2} < 0.1\text{MPa}^{-1}$ 时，为低压缩性土；

　　$0.1\text{MPa}^{-1} \leqslant \alpha_{1-2} < 0.5\text{MPa}^{-1}$ 时，为中压缩性土；

　　$\alpha_{1-2} \geqslant 0.5\text{MPa}^{-1}$ 时，为高压缩性土。

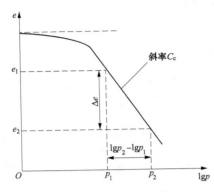

图 4-4　$e\text{-}\lg p$ 曲线确定压缩指数 C_c

2. 压缩指数

　　压缩试验用 $e\text{-}\lg p$ 曲线表示时（见图 4-4），曲线的初始段坡度较平缓，在某一压力附近，曲线曲率明显变化，曲线向下弯曲，超过这一压力后，曲线接近直线。将 $e\text{-}\lg p$ 曲线直线段的斜率 C_c 称为土的压缩指数，即

$$C_c = \frac{e_1 - e_2}{\lg p_2 - \lg p_1} \tag{4-6}$$

　　试验证明，$e\text{-}\lg p$ 曲线在很大范围内是一条直线，故压缩指数 C_c 是比较稳定的数值。一般认为，当 $C_c < 0.2$ 时，属低压缩性土；$C_c = 0.2 \sim 0.4$ 时，属中压缩性土；$C_c > 0.4$ 时，属高压缩性土。

　　3. 压缩模量

　　室内压缩试验除了求得压缩系数 α 和压缩指数 C_c 外，还可求得另一个常用的压缩性指标：压缩模量 E_s（单位为 MPa 或 kPa）。E_s 是指土在侧限条件下竖向附加应力 σ_z 与相应的应变增量 $\Delta\varepsilon$ 的比值，即

$$E_s = \frac{\sigma_z}{\Delta\varepsilon} \tag{4-7}$$

　　将 $\sigma_z = p_2 - p_1 = \Delta p$，$\Delta\varepsilon = \dfrac{\Delta h}{h_1} = \dfrac{e_1 - e_2}{1 + e_1}$ 及式（4-5）代入式（4-7），可得

$$E_s = \frac{p_2 - p_1}{e_1 - e_2}(1 + e_1) = \frac{1 + e_1}{\alpha} \tag{4-8}$$

式中：α 为压力从 p_1 增加至 p_2 时的压缩系数；e_1 为压力 p_1 时对应的孔隙比。

　　土的压缩模量 E_s，又称为侧限压缩模量，以便与一般材料在无侧限条件下简单拉伸或压缩时的变形模量 E_0 相区别。由于压缩系数 α 不是常数，从式（4-8）可知，压缩模量 E_s 也不是常数，随着压力的大小而变化。

4.3　杆塔地基最终沉降量计算

　　根据输电杆塔基础的运行经验，对一般杆塔地基只要在强度上符合容许承载力要求，可不必进行地基变形计算，只是对某些特殊要求的重要杆塔地基需进行地基变形验算。由于杆塔基础横向荷载远比竖向荷载小，因而杆塔基础地基的变形主要是计算竖向的最终沉降量，使其符合容许沉降量和容许沉降差的要求。

4.3.1　计算荷载

　　一般杆塔基础的地基在附加压力作用下，砂类土在较短时间就可固结完毕，而黏性土地

基要持续相当长的时期才能完成沉降。因此，在计算地基最终沉降量时，将根据不同地质条件采取相应的设计荷载。

（1）砂类土地基设计荷载，采用杆塔基础承受的短期运行荷载，包括最大风荷载、最大覆冰、断线、安装引起的荷载等。

（2）一般黏性土地基设计荷载，采用杆塔基础承受的长期荷载，包括导线、避雷线、杆塔和基础自重力以及在 5m/s 风速、年平均气温条件下导地线张力引起的荷载等。

4.3.2　地基变形允许值

对某些有特殊要求的输电杆塔基础，比如，处于软弱地基的转角塔、耐张塔以及大跨越铁塔的基础等，基础的最大倾斜率 δ（不含基础预偏值）应满足表 4-1 的要求。

表 4-1　　　　　　　　　　　　　　　地基变形允许值

杆塔总高度 H（m）	$H \leqslant 50$	$50 < H \leqslant 100$	$100 < H \leqslant 150$	$150 < H \leqslant 200$	$200 < H \leqslant 250$	$250 < H \leqslant 300$
δ	0.006	0.005	0.004	0.003	0.002	0.0015

注　倾斜率指基础倾斜方向两端点的沉降差与其距离的比值。

4.3.3　地基最终沉降量的计算

计算地基最终沉降量时，地基内的应力分布，可采用各向同性均质的线性变形体理论。输电杆塔地基最终沉降量可按分层总和法求得变形值 s'，乘以经验系数 ψ_s 来计算，即

$$s = \psi_s s' = \psi_s \sum_{i=1}^{n} \frac{p_0}{E_{si}} (z_i \bar{\alpha}_i - z_{i-1} \bar{\alpha}_{i-1}) \tag{4-9}$$

式中：s 为地基最终沉降量，mm；ψ_s 为沉降计算经验系数，根据地区沉降观测资料及经验确定，也可查表 4-2 获得；n 为地基沉降计算深度范围内所划分的土层数，如图 4-5 所示；p_0 为基础底面处的附加压力标准值，kPa；E_{si} 为基础底面下第 i 层土的压缩模量，MPa；z_i、z_{i-1} 分别为基础底面至第 i 层土、第 $i-1$ 层土底面的距离，m；$\bar{\alpha}_i$、$\bar{\alpha}_{i-1}$ 分别为基础底面计算点至第 i 层土、第 $i-1$ 层土底面范围内平均附加应力系数，可查表 4-3 获得。

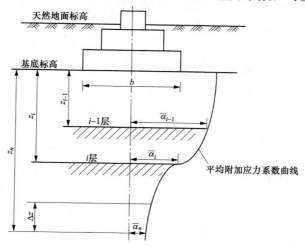

图 4-5　基础沉降计算分层示意图

表 4-2 沉降计算经验系数 ψ_s

基底附加压力 p_0(kPa) ＼ $\overline{E}_s$ (MPa)	2.5	4.0	7.0	15.0	20.0
$p_0 \geqslant f_{ak}$	1.4	1.3	1.0	0.4	0.2
$p_0 \leqslant 0.75 f_{ak}$	1.1	1.0	0.7	0.4	0.2

注 1. f_{ak} 为地基承载力的标准值。

2. $\overline{E}_s$ 为沉降计算深度范围内压缩模量的当量值，可按照下式计算

$$\overline{E}_s = \frac{\sum\limits_{i=1}^{n}(z_i\overline{\alpha}_i - z_{i-1}\overline{\alpha}_{i-1})}{\sum\limits_{i=1}^{n}\dfrac{(z_i\overline{\alpha}_i - z_{i-1}\overline{\alpha}_{i-1})}{E_{si}}}。$$

表 4-3 矩形面积上均布荷载作用下角点的平均附加应力系数 $\overline{\alpha}$

z/b ＼ l/b	1	1.2	1.4	1.6	1.8	2	2.4	2.8	3.2	3.6	4	5	10
0.0	0.2500	0.2500	0.2500	0.2500	0.2500	0.2500	0.2500	0.2500	0.2500	0.2500	0.2500	0.2500	0.2500
0.2	0.2496	0.2497	0.2497	0.2498	0.2498	0.2498	0.2498	0.2498	0.2498	0.2498	0.2498	0.2498	0.2498
0.4	0.2474	0.2479	0.2481	0.2483	0.2483	0.2484	0.2485	0.2485	0.2485	0.2485	0.2485	0.2485	0.2485
0.6	0.2423	0.2437	0.2444	0.2448	0.2451	0.2452	0.2454	0.2455	0.2455	0.2455	0.2455	0.2455	0.2456
0.8	0.2346	0.2372	0.2387	0.2395	0.2400	0.2403	0.2407	0.2408	0.2409	0.2409	0.2410	0.2410	0.2410
1.0	0.2252	0.2291	0.2313	0.2326	0.2335	0.2340	0.2346	0.2349	0.2351	0.2352	0.2352	0.2353	0.2353
1.2	0.2149	0.2199	0.2229	0.2248	0.2260	0.2268	0.2278	0.2282	0.2285	0.2286	0.2287	0.2288	0.2289
1.4	0.2043	0.2102	0.214	0.2164	0.218	0.2191	0.2204	0.2211	0.2215	0.2217	0.2218	0.222	0.2221
1.6	0.1939	0.2006	0.2049	0.2079	0.2099	0.2113	0.2130	0.2138	0.2143	0.2146	0.2148	0.2150	0.2152
1.8	0.1840	0.1912	0.196	0.1994	0.2018	0.2034	0.2055	0.2066	0.2073	0.2077	0.2079	0.2082	0.2084
2.0	0.1746	0.1822	0.1875	0.1912	0.1938	0.1958	0.1982	0.1996	0.2004	0.2009	0.2012	0.2015	0.2018
2.2	0.1659	0.1737	0.1793	0.1833	0.1862	0.1883	0.1911	0.1927	0.1937	0.1943	0.1947	0.1952	0.1955
2.4	0.1578	0.1657	0.1715	0.1757	0.1789	0.1812	0.1843	0.1862	0.1873	0.1880	0.1885	0.189	0.1895
2.6	0.1503	0.1583	0.1642	0.1686	0.1719	0.1745	0.1779	0.1799	0.1812	0.1820	0.1825	0.1832	0.1838
2.8	0.1433	0.1514	0.1574	0.1619	0.1654	0.168	0.1717	0.1739	0.1753	0.1763	0.1769	0.1777	0.1784
3.0	0.1369	0.1449	0.151	0.1556	0.1592	0.1619	0.1658	0.1682	0.1698	0.1708	0.1715	0.1725	0.1733
3.2	0.1310	0.139	0.145	0.1497	0.1533	0.1562	0.1602	0.1628	0.1645	0.1657	0.1664	0.1675	0.1685
3.4	0.1256	0.1334	0.1394	0.1441	0.1478	0.1508	0.1550	0.1577	0.1595	0.1607	0.1616	0.1628	0.1639
3.6	0.1205	0.1282	0.1342	0.1389	0.1427	0.1456	0.1500	0.1528	0.1548	0.1561	0.1570	0.1583	0.1595
3.8	0.1158	0.1234	0.1293	0.134	0.1378	0.1408	0.1452	0.1482	0.1502	0.1516	0.1526	0.1541	0.1554
4.0	0.1114	0.1189	0.1248	0.1294	0.1332	0.1362	0.1408	0.1438	0.1459	0.1474	0.1485	0.15	0.1516
4.2	0.1073	0.1147	0.1205	0.1251	0.1289	0.1319	0.1365	0.1396	0.1418	0.1434	0.1445	0.1462	0.1479
4.4	0.1035	0.1107	0.1164	0.1210	0.1248	0.1279	0.1325	0.1357	0.1379	0.1396	0.1407	0.1425	0.1444
4.6	0.1000	0.1070	0.1127	0.1172	0.1209	0.1240	0.1287	0.1319	0.1342	0.1359	0.1371	0.1390	0.1410

续表

z/b \ l/b	1	1.2	1.4	1.6	1.8	2	2.4	2.8	3.2	3.6	4	5	10
4.8	0.0967	0.1036	0.1091	0.1136	0.1173	0.1204	0.1250	0.1283	0.1307	0.1324	0.1337	0.1357	0.1379
5.0	0.0935	0.1003	0.1057	0.1102	0.1139	0.1169	0.1216	0.1249	0.1273	0.1291	0.1304	0.1325	0.1348
5.2	0.0906	0.0972	0.1026	0.1070	0.1106	0.1136	0.1183	0.1217	0.1241	0.1259	0.1273	0.1295	0.1320
5.4	0.0878	0.0943	0.0996	0.1039	0.1075	0.1105	0.1152	0.1186	0.1211	0.1229	0.1243	0.1265	0.1292
5.6	0.0852	0.0916	0.0968	0.1010	0.1046	0.1076	0.1122	0.1156	0.1181	0.1200	0.1215	0.1238	0.1266
5.8	0.0828	0.0890	0.0941	0.0983	0.1018	0.1047	0.1094	0.1128	0.1153	0.1172	0.1187	0.1211	0.1240
6.0	0.0805	0.0866	0.0916	0.0957	0.0991	0.1021	0.1067	0.1101	0.1126	0.1146	0.1161	0.1185	0.1216
6.2	0.0783	0.0842	0.0891	0.0932	0.0966	0.0995	0.1041	0.1075	0.1101	0.1120	0.1136	0.1161	0.1193
6.4	0.0762	0.0820	0.0869	0.0909	0.0942	0.0971	0.1016	0.1050	0.1076	0.1096	0.1111	0.1137	0.1171
6.6	0.0742	0.0799	0.0847	0.0886	0.0919	0.0948	0.0993	0.1027	0.1053	0.1073	0.1088	0.1114	0.1149
6.8	0.0723	0.0779	0.0826	0.0865	0.0898	0.0926	0.0970	0.1004	0.1030	0.1050	0.1066	0.1092	0.1129
7.0	0.0705	0.0761	0.0806	0.0844	0.0877	0.0904	0.0949	0.0982	0.1008	0.1028	0.1044	0.1071	0.1109
7.2	0.0688	0.0742	0.0787	0.0825	0.0857	0.0884	0.0928	0.0962	0.0987	0.1008	0.1023	0.1051	0.1090
7.4	0.0672	0.0725	0.0769	0.0806	0.0838	0.0865	0.0908	0.0942	0.0967	0.0988	0.1004	0.1031	0.1071
7.6	0.0656	0.0709	0.0752	0.0789	0.0820	0.0846	0.0889	0.0922	0.0948	0.0968	0.0984	0.1012	0.1054
7.8	0.0642	0.0693	0.0736	0.0771	0.0802	0.0828	0.0871	0.0904	0.0929	0.095	0.0966	0.0994	0.1036
8.0	0.0627	0.0678	0.072	0.0755	0.0785	0.0811	0.0853	0.0886	0.0912	0.0932	0.0948	0.0976	0.1020
8.2	0.0614	0.0663	0.0705	0.0739	0.0769	0.0795	0.0837	0.0869	0.0894	0.0914	0.0931	0.0959	0.1004
8.4	0.0601	0.0649	0.069	0.0724	0.0754	0.0779	0.0820	0.0852	0.0878	0.0893	0.0914	0.0943	0.0938
8.6	0.0588	0.0636	0.0676	0.0710	0.0739	0.0764	0.0805	0.0836	0.0862	0.0882	0.0898	0.0927	0.0973
8.8	0.0576	0.0623	0.0663	0.0696	0.0724	0.0749	0.0790	0.0821	0.0846	0.0866	0.0882	0.0912	0.0959
9.2	0.0554	0.0599	0.0637	0.067	0.0697	0.0721	0.0761	0.0792	0.0817	0.0837	0.0853	0.0882	0.0931
9.6	0.0533	0.0577	0.0614	0.0645	0.0672	0.0696	0.0734	0.0765	0.0789	0.0809	0.0825	0.0855	0.0905
10.0	0.0514	0.0556	0.0592	0.0622	0.0649	0.0672	0.0710	0.0739	0.0763	0.0783	0.0799	0.0829	0.0880
10.4	0.0496	0.0537	0.0572	0.0601	0.0627	0.0649	0.0686	0.0716	0.0739	0.0759	0.0775	0.0804	0.0857
10.8	0.0479	0.0519	0.0553	0.0581	0.0606	0.0628	0.0664	0.0693	0.0717	0.0736	0.0751	0.0781	0.0834
11.2	0.0463	0.0502	0.0535	0.0563	0.0587	0.0609	0.0644	0.0672	0.0695	0.0714	0.0730	0.0759	0.0813
11.6	0.0448	0.0486	0.0518	0.0545	0.0569	0.0590	0.0625	0.0652	0.0675	0.0694	0.0709	0.0738	0.0793
12.0	0.0435	0.0471	0.0502	0.0529	0.0552	0.0573	0.0606	0.0634	0.0656	0.0674	0.0690	0.0719	0.0774
12.8	0.0409	0.0444	0.0474	0.0499	0.0521	0.0541	0.0573	0.0599	0.0621	0.0639	0.0654	0.0682	0.0739
13.6	0.0387	0.0420	0.0448	0.0472	0.0493	0.0512	0.0543	0.0568	0.0589	0.0607	0.0621	0.0649	0.0707
14.4	0.0367	0.0398	0.0425	0.0448	0.0468	0.0486	0.0516	0.0540	0.0561	0.0577	0.0592	0.0619	0.0677
15.2	0.0349	0.0379	0.0404	0.0426	0.0446	0.0463	0.0492	0.0515	0.0535	0.0551	0.0565	0.0592	0.0650
16.0	0.0332	0.0361	0.0385	0.0407	0.0425	0.0442	0.0469	0.0492	0.0511	0.0527	0.0540	0.0567	0.0625
18.0	0.0297	0.0323	0.0345	0.0364	0.0381	0.0396	0.0422	0.0442	0.046	0.0475	0.0487	0.0512	0.0570
20.0	0.0269	0.0292	0.0312	0.0330	0.0345	0.0359	0.0383	0.0402	0.0418	0.0432	0.0444	0.0468	0.0524

4.3.4　地基变形计算深度的确定

作用于地基土的附加压力随深度的增加而逐渐减小，土的压缩量一般也随深度的增加而降低。在某一深度以下土层的压缩量则小到在实际上可以忽略不计的程度，这个深度称为地基压缩层的计算深度。计算深度 z_n，一般有以下几种方法。

（1）按沉降比确定地基压缩层的计算深度，一般采用试算法确定。地基变形计算深度应符合下式要求，即

$$\Delta s'_n \leqslant 0.025 \sum_{i=1}^{n} \Delta s'_i \tag{4-10}$$

式中：$\Delta s'_n$ 为在由计算深度向上取厚度为 Δz 的计算变形值，mm，Δz 按表 4-4 选取；$\Delta s'_i$ 为在计算深度 z_n 范围内，第 i 层土的计算变形值，mm。

当满足式（4-10）的深度下还有更软弱的土层时，还应继续向下计算，直到再次满足式（4-10）。

表 4-4　　　　　　　　　　　　　　　Δz 的确定

b(m)	$b \leqslant 2$	$2 < b \leqslant 4$	$4 < b \leqslant 8$	$8 < b \leqslant 15$	$15 < b \leqslant 30$	$b > 30$
Δz(m)	0.3	0.6	0.8	1.0	1.2	1.5

（2）当无相邻荷载影响时，基础宽度在 $1 \sim 30$m 范围内时，基础中点的地基沉降计算深度也可按简化公式计算，即

$$z_n = b(2.5 - 0.4\ln b) \tag{4-11}$$

式中：b 为杆塔基础宽度，m。

当在计算深度范围内存在基岩时，z_n 可取至基岩表面；当存在较厚的坚硬黏性土层，其孔隙比小于 0.5、压缩模量大于 50MPa，或存在较厚的密实砂卵石层，其压缩模量大于 80MPa，z_n 可取至该层土表面。此时计算地基最终沉降量，地基附加应力分布应考虑相对硬层存在的影响。

计算地基变形时，如需考虑相邻荷载的影响，可按应力叠加原理，采用角点法计算。

【例 4-1】 已知某一铁塔方形基础埋深 $h = 2.0$m，基础底面面积为 2.0m$\times 2.0$m，设计轴心下压力 $F_v = 350$kN，地质条件如图 4-6 所示。试求铁塔基础的最终沉降量 s。（$f_{ak} = 190$kPa）

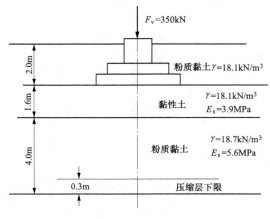

图 4-6　地质剖面示意图

解　计算基础最终沉降量的步骤

（1）计算基础底面处的附加压力，取基础及其正上方填土的平均容重 $\gamma_G = 20\text{kN/m}^3$，则基础底面的平均压力为

$$p = \frac{F_v + G}{A} = \frac{F_v + \gamma_G Ah}{A} = \frac{350 + 20 \times 2 \times 2 \times 2}{2 \times 2} = 127.5\text{(kPa)}$$

基础底面处的附加压力为

$$p_0 = p - \gamma h = 127.5 - 18.1 \times 2 = 91.3\text{(kPa)}$$

（2）按沉降比法，设压缩层的厚度为 5.6m，上黏土层 1.6m，下粉质黏土层 4.0m。

（3）采用角点法，分成四小块计算基础中心各土层的计算变形值 $\Delta s'$。

黏土层：顶面及底面各位于基础底面下 $z_0 = 0$，$z_1 = 1.6\text{m}$

$z_0 = 0\text{m}$，$l/b = 1.0/1.0 = 1$，$z_0/b = 0$，由表 4-3 查得，$\overline{\alpha}_0 = 0.2500$

$z_1 = 1.6\text{m}$，$l/b = 1.0/1.0 = 1$，$z_1/b = 1.6$，由表 4-3 查得，$\overline{\alpha}_1 = 0.1939$

将以上各值代入式（4-9），得黏土层的计算变形值 $\Delta s'_1$ 为

$$\Delta s'_1 = 4 \times \frac{p_0}{E_{s1}}(\overline{\alpha}_1 z_1 - \overline{\alpha}_0 z_0) = 4 \times \frac{91.3}{3900} \times (0.1939 \times 1.6 - 0.2500 \times 0) \approx 0.0291\text{(m)}$$

粉质黏土层：$z_2 = 5.6\text{m}$，$l/b = 1$，$z_2/b = 5.6/1 = 5.6$，由表 4-3 查得，$\overline{\alpha}_2 = 0.0852$

则粉质黏土层的计算变形值 $\Delta s'_2$ 为

$$\Delta s'_2 = 4 \times \frac{p_0}{E_{s2}}(\overline{\alpha}_2 z_2 - \overline{\alpha}_1 z_1) = 4 \times \frac{91.3}{5600} \times (0.0852 \times 5.6 - 0.1939 \times 1.6) \approx 0.0109\text{(m)}$$

（4）确定压缩层计算深度 z_n，根据表 4-4 可知，$\Delta z = 0.3\text{m}$。

计算 $z' = 5.6 - 0.3 = 5.3\text{m}$ 处的变形值 $\Delta s'_n$

$l/b = 1$，$z'/b = 5.3/1 = 5.3$，由表 4-3 线性插值得，$\overline{\alpha}' = 0.0892$

$$\Delta s'_n = 4 \times \frac{p_0}{E_{s2}}(\overline{\alpha}_2 z_2 - \overline{\alpha}' z') = 4 \times \frac{91.3}{5600} \times (0.0852 \times 5.6 - 0.0892 \times 5.3) \approx 0.0003\text{(m)}$$

$$\sum_{i=1}^{n} \Delta s'_i = 0.0291 + 0.0109 = 0.04\text{(m)}$$

代入式（4-10），可得 $\dfrac{\Delta s'_n}{\sum\limits_{i=1}^{n} \Delta s'_i} = \dfrac{0.0003}{0.04} = 0.0075 < 0.025$

故压缩层厚度可取 5.6m（从基础底面起算），与原假设相同。

（5）计算基础最终沉降量。压缩层范围内各土层压缩模量的加权平均值 $\overline{E}_{sm}$ 为

$$\overline{E}_{sm} = \frac{\sum\limits_{i=1}^{n}(z_i \overline{\alpha}_i - z_{i-1} \overline{\alpha}_{i-1})}{\sum\limits_{i=1}^{n}\dfrac{(z_i \overline{\alpha}_i - z_{i-1} \overline{\alpha}_{i-1})}{E_{si}}} = \frac{z_2 \overline{\alpha}_2 - z_0 \overline{\alpha}_0}{\dfrac{z_1 \overline{\alpha}_1 - z_0 \overline{\alpha}_0}{E_{s1}} + \dfrac{z_2 \overline{\alpha}_2 - z_1 \overline{\alpha}_1}{E_{s2}}}$$

$$= \frac{5.6 \times 0.0852 - 0}{\dfrac{1.6 \times 0.1939 - 0}{3900} + \dfrac{5.6 \times 0.0852 - 1.6 \times 0.1939}{5600}} = 4.36\text{(MPa)}$$

由于，$P_0 = 91.3\text{kPa} \leqslant 0.75 f_{ak} = 0.75 \times 190 = 142.5\text{(kPa)}$，由表 4-2 线性插值可得 $\psi_s = $

0.964，则基础的最终沉降量 s 为

$$s = \psi_s \sum_{i=1}^{n} \Delta s_i' = 0.964 \times 0.04 \approx 0.0386 \text{m} = 3.86 (\text{cm})$$

4.4　应力历史对地基沉降的影响

　　天然土层在形成过程中，经历了漫长的过程，因而具有不同的固结状态。在某些工况下，土体可能在受压缩后又卸荷，或反复多次地加荷卸荷。比如，某土层上已经修建好建筑物，在建筑物荷载作用下，地基产生了不可恢复的塑性变形；后来由于某种原因将建筑物拆除，称为卸荷状态。如果在该层土重新再修建建筑物，其压缩性明显降低。土的这种固结状态称为超固结状态。为了研究土的实际固结状态，必须要研究土的固结历史。

4.4.1　土的压缩、回弹与再压缩曲线

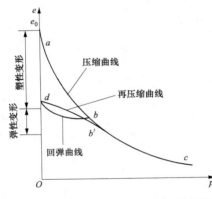

图 4-7　土的压缩、回弹与再压缩曲线

　　如图 4-7 所示，在侧限压缩试验中，土样逐级加荷可得到压缩曲线 $\overset{\frown}{abc}$ 。若加荷至 b 点开始逐级卸荷，此时土样将沿 $\overset{\frown}{bd}$ 曲线回弹，曲线 $\overset{\frown}{bd}$ 称为回弹曲线。如果卸荷至 d 点后，再逐级加荷，土样又开始沿 $\overset{\frown}{db'}$ 再压缩，至 b' 后与压缩曲线重合。曲线 $\overset{\frown}{db'}$ 称再压缩曲线。

　　从土的回弹和再压缩曲线可以看出：①土的卸荷回弹曲线不与原压缩曲线相重合，说明土不是完全弹性体，其中有一部分是不能恢复的塑性变形；②土的再压缩曲线比原压缩曲线斜率要小很多，说明土经过压缩后，卸荷再压缩时，其压缩性明显降低。

4.4.2　天然土层的应力历史

　　土的应力历史指土体在历史上曾受到过的应力状态。天然土层在历史上所经受过的自重应力以及其他荷载作用形成的最大竖向有效固结压力，称为先期固结压力，常用 p_c 表示。p_c 与现有土层自重应力 p_0 进行对比，并把两者之比定义为超固结比 OCR，即

$$\text{OCR} = \frac{p_c}{p_0} \tag{4-12}$$

　　根据土的超固结比 OCR，可把天然土层划分为三种固结状态。

　　（1）正常固结土状态，指的是土层逐渐沉积到现在地面，在历史上最大固结压力作用下压缩稳定，以后也没有受到过其他荷载的情况。历史上所经受的先期固结压力等于现有上覆土的自重应力，即 $p_c = p_0$。如图 4-8（a）所示土层中的 A 点，其上覆土重 $p_0 = \gamma h$ 就是历史上曾经受过的最大有效固结压力 $p_c = \gamma h_c$，$h_c = h$，属于正常固结土状态。

　　（2）超固结土状态。历史上所经受的先期固结压力大于现有上覆土的自重应力，即 $p_c > p_0$。如图 4-8（b）所示，土层中 A 点在历史上曾经受过最大固结压力 $p_c = \gamma h_c$，后由于流水冲刷或其他原因，土层受剥蚀，地表降至现有地面。现地面下 A 点的上覆土重为 $p_0 = \gamma h$，$h_c > h$，属于超固结土状态。

（3）欠固结土状态，指先期固结压力小于现有上覆荷重的土层，即 $p_c < p_0$。新近沉积的黏性土、人工填土，由于成土时间不长，在自重作用下尚未完全固结，因此历史上所经受的先期固结压力 $p_c = \gamma h_c$ 小于现有上覆土层的自重应力 $p_0 = \gamma h$，属于欠固结土，如图 4-8（c）所示。

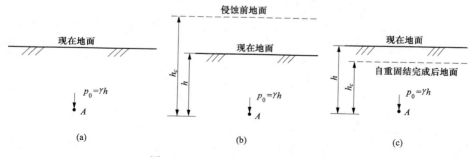

图 4-8　天然土层的三种固结状态

(a) $p_c = p_0$；(b) $p_c > p_0$；(c) $p_c < p_0$

最常见的是正常固结土，其土层的压缩是由建筑物荷载产生的附加应力所引起的。超固结土相当于在其形成历史中已受过预压力，只有当地基中附加应力与自重应力之和超出先期固结压力，土层才会明显压缩。因此超固结土的压缩性较低，对工程有利。而欠固结土要考虑附加应力和自重应力产生的压缩，因此其压缩性较高。

4.4.3　先期固结压力的确定

先期固结压力 p_c 的确定应利用高压固结试验结果，常用 e-$\lg p$ 曲线来表示。常用的方法是卡萨格兰德经验图解法，其作图方法和步骤如图 4-9 所示。

（1）从 e-$\lg p$ 曲线上找出曲率半径最小的一点 A，过 A 点作水平线 $A1$ 和切线 $A2$；

（2）作由 $1A2$ 构成角的平分线 $A3$，与压缩曲线下部的直线段的延长线相交于 B 点；

（3）B 点对应的有效应力就是前期固结压力 p_c。

对于 e-$\lg p$ 曲线曲率变化明显的土层，能较清楚地反映土体的先期固结压力，该方法是很方便的。应该指

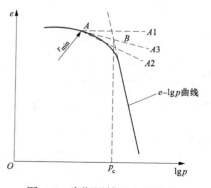

图 4-9　先期固结压力的确定

出，由于人为因素的影响、试验过程对试样的扰动以及纵坐标选用不同的坐标比例，都会影响到先期固结压力的准确确定。因此，确定先期固结压力，还应结合场地变形、地貌等形成历史的调查资料，加以综合分析确定。

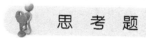

思　考　题

1. 为什么说土的压缩变形实际上是土的孔隙体积的减小？

2. 土的压缩主要包括哪几部分？

3. 试说明土的各压缩性指标的意义和确定方法？

（扫一扫

查看参考答案）

4. 压缩系数和压缩模量的物理意义是什么？两者有何关系？如何利用压缩系数和压缩模量评价土的压缩性？

5. 地基土的压缩模量和变形模量在概念上有什么区别？为什么两者之间的理论关系与实际情况有较大的差异？

6. 如何确定地基变形的计算深度？

7. 什么是正常固结土、超固结土和欠固结土？土的应力历史对土的压缩性有何影响？

8. 如何确定先期固结压力？

习　题

1. 对某黏性土在侧限压缩仪中做压缩试验，在竖向固结压力为 50kPa、100kPa、200kPa 和 300kPa 下，经测量和计算获得在以上各级压力下土样的孔隙比分别为 0.823、0.780、0.748 和 0.718，试计算土的压缩系数 α_{1-2}。（答案：$0.32MPa^{-1}$）

2. 某输电铁塔工程地质勘察，取原状土进行压缩试验，试验结果如表 4-5。计算土的压缩系数 α_{1-2} 和相应侧限压缩模量 E_{s1-2}，并评价该土的压缩性。（答案：$0.16MPa^{-1}$，12.2MPa，中压缩性土）

表 4-5　　　　　　　　　　　　　原状土压缩试验结果

压应力 p(kPa)	50	100	200	300
孔隙比 e	0.964	0.952	0.936	0.924

3. 如图 4-10 所示为一独立式铁塔基础，基础底面面积为 2.0m×2.0m，基础埋深 $h=$ 1.2m，设计轴心压力 $N=500$kN，地基承载力的标准值 $f_{ak}=175$kPa，地质条件如图 4-10 所示，试求此基础的最终沉降量 s。（答案：5.37cm）

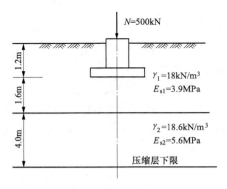

图 4-10　习题 3 图

4. 某独立柱基底面尺寸 $b×l=4.0m×4.0m$，埋置深度 $h=1.0m$，上部结构荷载条件如图 4-11 所示，地基土为均匀土，天然重度 $\gamma=20kN/m^3$，压缩试验结果如表 4-6 所示。试求该基础下第二层土的沉降量。（答案：1.76cm）

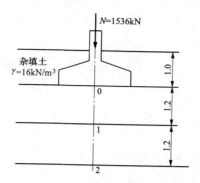

图 4-11　习题 4 图

表 4-6　　　　　　　　　　　　　　　　　侧限压缩试验结果

p (kPa)	0	50	100	200
e	0.89	0.86	0.84	0.81

第 5 章　土的抗剪强度与地基承载力

5.1　概　　述

土的抗剪强度是指土体抵抗剪切破坏的极限能力。当土中某点由外力产生的剪应力达到抗剪强度时，该点便发生了剪切破坏。随着荷载的增加，土体中的剪应力达到抗剪强度的区域越来越大，最终在土体中形成连续的滑动面，地基发生整体剪切破坏而丧失稳定性。

工程中常见的强度问题，归纳起来主要体现在以下三个方面。

（1）土坡稳定性。土坡稳定性是土作为材料构成的土工构筑物的稳定性问题，是工程中的常见问题。比如，在山坡上修建输电铁塔，一旦山坡失稳，势必破坏整条线路；基坑失去稳定，基坑附近地面上的建筑物和堆放的材料将一起滑动而发生工程事故。

（2）土压力问题。土压力问题是土作为工程构筑物的环境问题。在各类挡土墙、地下结构设计以及杆塔结构的倾覆稳定性分析时，必须计算其所承受的土压力。

（3）地基的承载力与地基稳定性。地基承载力与地基稳定性，是所有建筑工程都会遇到的问题。当上部荷载较小时，地基处于压密阶段或地基中塑性变形区很小时，地基是稳定的。若上部荷载很大时，地基中的塑性变形区越来越大，将导致地基发生整体滑动，这种情况下地基是不稳定的。

5.2　土的抗剪强度与极限平衡条件

5.2.1　莫尔—库仑强度理论

法国科学家库仑根据剪切试验，提出了砂土抗剪强度表达式，即

$$\tau_f = \sigma \tan\varphi \tag{5-1}$$

后来，库仑又通过试验进一步提出了黏性土的抗剪强度表达式，即

$$\tau_f = \sigma \tan\varphi + c \tag{5-2}$$

式中：τ_f 为土的抗剪强度，kPa；σ 为剪切滑动面上的法向应力，kPa；φ 为土的内摩擦角，°；c 为土的黏聚力，kPa，对于无黏性土 $c=0$。

式（5-1）和式（5-2）就是著名的库仑抗剪强度定律。研究表明，土的抗剪强度 τ_f 与剪切面上的法向应力 σ 呈线性关系，如图 5-1 所示。对于无黏性土（如砂土），其抗剪强度是由法向应力产生的内摩擦力 $\sigma\tan\varphi$ 形成的；而对于黏性土或粉土，其抗剪强度由黏聚力 c 和内摩擦力 $\sigma\tan\varphi$ 两部分构成。在法向应力 σ 一定的条件下，c 和 φ 值越大，抗剪强度 τ_f 越大。c 和 φ 称为土的抗剪强度指标，可由试验测定。对于同种土，在相同试验条件下，c 和 φ 值为常数；但当试验方法不同时，c 和 φ 值有比较大的差异。

抗剪强度的内摩擦力 $\sigma\tan\varphi$ 主要由两部分组成：一是滑动摩擦，即剪切面土粒间表面的粗糙所产生的摩擦；二是咬合摩擦（也称黏着磨损），即各颗粒间互相嵌入所产生的咬合力。因此，抗剪强度的内摩擦力除了和剪切面上的法向应力有关，还与土的原始密度、土粒的形

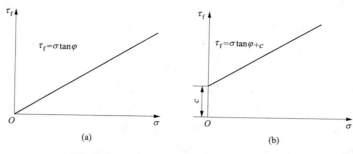

图 5-1　抗剪强度与法向应力之间的关系

(a) 砂土；(b) 黏性土

状、表面的粗糙程度以及颗粒级配等相关。对于砂土，主要影响因素是孔隙比和密实度。黏聚力 c 一般由土粒间的胶结作用和电分子引力等因素所形成，因此通常与土中黏粒含量、矿物成分、含水率以及土的结构等因素有关。

随着有效应力原理的发展，人们逐渐认识到，只有有效应力的变化才能引起土体强度的改变。因此，土的抗剪强度表示为剪切破坏面上法向有效应力的函数，即

$$\tau_f = c' + \sigma' \tan\varphi' = c' + (\sigma - u)\tan\varphi' \tag{5-3}$$

式中：σ' 为土体剪切破裂面上的有效法向应力，kPa；u 为土中的超静孔隙水压力，kPa；φ' 为土的有效内摩擦角，°；c' 为土的有效黏聚力，kPa。

c' 和 φ' 称为土的有效抗剪强度指标。对于同一种土，c' 和 φ' 的数值在理论上与试验方法无关，接近于常数。

莫尔在库仑的早期研究工作基础上，进一步提出土体的破坏是剪切破坏的理论，认为在破裂面上，法向应力 σ 与抗剪强度 τ_f 之间存在如下关系，即

$$\tau_f = f(\sigma) \tag{5-4}$$

这个函数所定义的曲线为一条微弯的曲线，称为莫尔破坏包线（见图 5-2）。如果代表土单元体中某一个面上 σ 和 τ 的点落在破坏包线以下，比如 A 点，表明该面上的剪应力 τ 小于土的抗剪强度 τ_f，土体不会沿该面发生剪切破坏。B 点正好落在破坏包线上，表明 B 点所代表截面上的剪应力等于抗剪强度，土单元体处于临界破坏状态或极限平衡状态。C 点落在破坏包线以上，表明土单元体已经破坏。

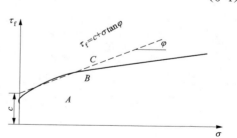

图 5-2　莫尔—库仑破坏包线

实际上 C 点所代表的应力状态是不存在的，因为剪应力 τ 增加到抗剪强度 τ_f 时，不可能再继续增大。

对于一般土，在应力变化范围不大的情况下，莫尔破坏包线近似于一条直线，可以用库仑强度公式，即式（5-2）来表示，即土的抗剪强度与法向应力呈线性函数关系。

5.2.2　土的极限平衡条件

在外部荷载作用下，地基内任一点都将产生应力。根据抗剪强度理论，当土中某点任一方向的剪应力 τ 达到土体的抗剪强度 τ_f 时，即

$$\tau = \tau_f \tag{5-5}$$

称该点处于极限平衡状态。因此，若已知土体的抗剪强度 τ_f，求得土中某点在不同面上的剪应力 τ 和法向应力 σ，便可判断土体所处的状态。

在实际工程中，直接利用式（5-5）来分析土体的极限平衡状态是很不方便的。一般将式（5-5）进行变换，将通过某点剪切面上的剪应力以该点主平面上的主应力表示，把土体的抗剪强度以剪切面上的法向应力和土体的抗剪强度指标来表示。然后代入式（5-5），经过化简后就可得到实用的土体的极限平衡条件。

在地基土中任意点取一微元体，设作用在该微元体上的最大和最小主应力分别为 σ_1 和 σ_3。微元体内与最大主应力 σ_1 作用面成任意角度 α 的平面 $m\text{-}n$ 上有正应力 σ 和剪应力 τ，如图 5-3（a）所示。为了建立 σ、τ 与 σ_1、σ_3 之间的关系，取斜面体 abc 为隔离体，如图 5-3（b）所示。将各个应力分别在水平和垂直方向上投影，根据静力平衡条件，可得

$$\begin{cases} \sigma = \dfrac{1}{2}(\sigma_1 + \sigma_3) + \dfrac{1}{2}(\sigma_1 - \sigma_3)\cos2\alpha \\[2mm] \tau = \dfrac{1}{2}(\sigma_1 - \sigma_3)\sin2\alpha \end{cases} \tag{5-6}$$

式（5-6）中的 σ 和 τ 与 σ_1、σ_3 之间的关系还可用莫尔应力圆的图解法来表示。在直角坐标系中（见图 5-4），以 σ 为横坐标轴，τ 为纵坐标轴，按一定的比例尺，在 σ 轴上截取 $OB = \sigma_3$，$OC = \sigma_1$，以 D 为圆心，以 $\dfrac{\sigma_1 - \sigma_3}{2}$ 为半径，绘制出一个应力圆。并从 DC 开始逆时针旋转 2α 角，在圆周上得到点 A。可以证明，A 点的横坐标就是斜面 $m\text{-}n$ 上的正应力 σ，纵坐标就是剪应力 τ。

由于莫尔应力圆上点的横坐标表示土中某点在相应斜面上的正应力，纵坐标表示该斜面上的剪应力，所以，我们可以用莫尔应力圆来研究土中任一点的应力状态。

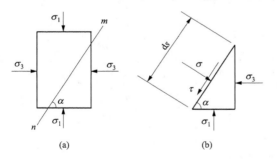 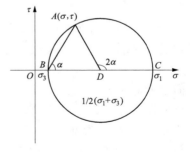

图 5-3　土中任意一点的应力状态　　　　　　图 5-4　用莫尔应力圆求正应力和剪应力
（a）微元体上的应力；（b）隔离体上的应力

如果莫尔应力圆位于抗剪强度包线的下方（见图 5-5 圆 Ⅰ），即通过该点任一方向的剪应力 τ 都小于土体的抗剪强度 τ_f，即 $\tau < \tau_f$，则该点不会发生剪切破坏，而处于弹性平衡状态。若莫尔应力圆恰好与抗剪强度包线相切（见图 5-5 圆 Ⅱ），切点为 B，则表明切点 B 所代表的平面上的剪应力 τ 与抗剪强度 τ_f 相等，即 $\tau = \tau_f$，则该点处于极限平衡状态。圆 Ⅲ 与抗剪强度包线相割，表示过该点的相应于割线所对应弧段代表的平面上的剪应力已"超过"土的抗剪强度，即 $\tau > \tau_f$，该点"已被剪破"。实际上圆 Ⅲ 的应力状态是不存在的，对于土体，当其剪应力达到抗剪强度时，应力已不符合弹性理论解答。

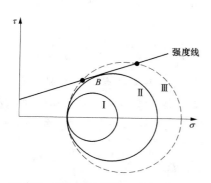

图 5-5　莫尔应力圆与土的抗剪强度
包线之间的关系

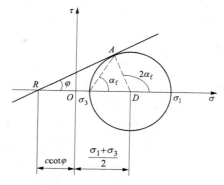

图 5-6　极限平衡的几何条件

根据应力圆与抗剪强度包线相切的几何关系（见图 5-6），可建立土体的极限平衡条件

$$\sin\varphi = \frac{\overline{AD}}{\overline{RD}} = \frac{\sigma_1 - \sigma_3}{\sigma_1 + \sigma_3 + 2c\cot\varphi} \tag{5-7}$$

利用三角函数关系转换后，可得

$$\sigma_1 = \sigma_3 \tan^2\left(45° + \frac{\varphi}{2}\right) + 2c\tan\left(45° + \frac{\varphi}{2}\right) \tag{5-8}$$

或

$$\sigma_3 = \sigma_1 \tan^2\left(45° - \frac{\varphi}{2}\right) - 2c\tan\left(45° - \frac{\varphi}{2}\right) \tag{5-9}$$

如图 5-6 所示的几何关系还可以求得剪切面（破裂面）与大主应力面的夹角关系，由于 $2\alpha_f = 90° + \varphi$，所以

$$\alpha_f = 45° + \frac{\varphi}{2} \tag{5-10}$$

即剪切破裂面与大主应力 σ_1 作用平面的夹角为 $\alpha_f = 45° + \frac{\varphi}{2}$。

式（5-8）～式（5-10）即为土的极限平衡条件。当为无黏性土时，可将 $c = 0$ 代入式（5-8）和式（5-9），由此可得简化形式为

$$\sigma_1 = \sigma_3 \tan^2\left(45° + \frac{\varphi}{2}\right) \tag{5-11}$$

$$\sigma_3 = \sigma_1 \tan^2\left(45° - \frac{\varphi}{2}\right) \tag{5-12}$$

式（5-8）～式（5-12）统称为莫尔—库仑强度理论，由该理论所描述的土体极限平衡状态可知，土的剪切破坏并不是由最大剪应力 $\tau_{max} = \frac{\sigma_1 - \sigma_3}{2}$ 所控制，即剪破面并不产生于最大剪应力面，而与最大剪应力面成 $\frac{\varphi}{2}$ 的夹角。已知土体实际上所受的应力状态和土的抗剪强度指标 c 和 φ，可以判断该土体是否产生剪切破坏，主要有五种判断方法。

（1）按某一平面上的 τ 与 τ_f 的比较进行判断。当土中某点任一方向的剪应力 τ 达到土的抗剪强度 τ_f 时，称该点处于极限平衡状态。将作用在该单元体上的最大主应力 σ_1、最小主

应力 σ_3 和土的内摩擦角 φ 代入式（5-6）的右侧，可求得该平面上的正应力 σ 和剪应力 τ。根据式（5-2）求得的 τ_f 与 τ 进行比较，来判断该点是否达到极限平衡状态。

（2）利用图解法按照莫尔应力圆与抗剪强度包线的位置来判断。为了建立实用的土体极限平衡条件，将土体中某点的莫尔应力圆和土体的抗剪强度与法向应力关系曲线绘制在同一个直角坐标系中（见图 5-5），可以直观地判断土体在这一点上是否达到极限平衡状态。

（3）比较内摩擦角的大小进行判断。利用式（5-7），可求得土体处于极限平衡状态时的内摩擦角 φ_j，然后与已知内摩擦角 φ 做比较，来判断土体在这一点是否达到极限平衡状态。

（4）假定土样处于极限平衡状态时，由大主应力 σ_1 求 σ_{3f}，比较 σ_{3f} 与 σ_3。将大主应力 σ_1 和土的内摩擦角 φ 代入式（5-9），可求得土体处于极限平衡状态时的小主应力 σ_{3f}。如果 $\sigma_3 > \sigma_{3f}$，表示土体中该点处于弹性平衡状态；如果 $\sigma_3 = \sigma_{3f}$，表示该点处于极限平衡状态；如果 $\sigma_3 < \sigma_{3f}$，表示处于破坏状态。

（5）假定土样处于极限平衡状态时，由小主应力 σ_3 求 σ_{1f}，比较 σ_{1f} 与 σ_1。如果 $\sigma_1 < \sigma_{1f}$，表示土体中该点处于弹性平衡状态；如果 $\sigma_1 = \sigma_{1f}$，表示该点处于极限平衡状态；如果 $\sigma_1 > \sigma_{1f}$，表示处于破坏状态。

【例 5-1】 已知土体中某点所受的最大主应力 $\sigma_1 = 500\text{kPa}$，最小主应力 $\sigma_3 = 200\text{kPa}$。试分别利用解析法和图解法求与最大主应力 σ_1 作用面呈 30°角平面上的正应力和剪应力。

解 （1）解析法。根据式（5-6），可得

$$\sigma = \frac{1}{2}(\sigma_1 + \sigma_3) + \frac{1}{2}(\sigma_1 - \sigma_3)\cos 2\alpha$$

$$= \frac{1}{2}(500 + 200) + \frac{1}{2}(500 - 200)\cos(2 \times 30°) = 425(\text{kPa})$$

$$\tau = \frac{1}{2}(\sigma_1 - \sigma_3)\sin 2\alpha = \frac{1}{2}(500 - 200)\sin(2 \times 30°) = 130(\text{kPa})$$

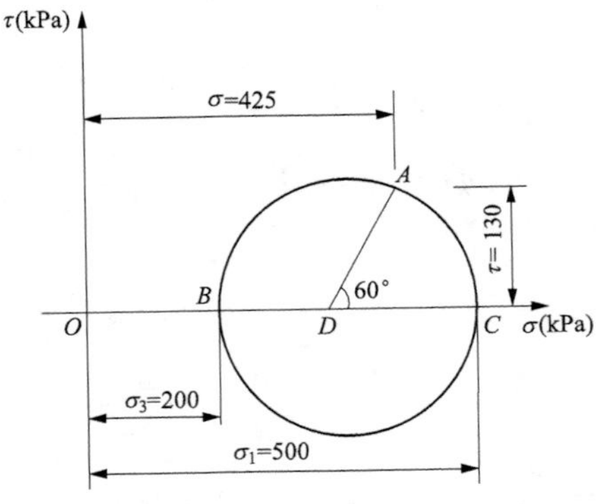

（2）图解法。按照莫尔应力圆确定法向应力 σ 和剪应力 τ。

绘制直角坐标系，按照比例尺在横坐标上标出 $\sigma_1 = 500\text{ kPa}$，$\sigma_3 = 200\text{ kPa}$，以 $\sigma_1 - \sigma_3 = 300\text{kPa}$ 为直径绘圆，从 C 点开始，逆时针旋转 $2\alpha = 60°$，在圆周上得到 A 点（见图 5-7）。以相同的比例尺量得 A 的横坐标 $\sigma = 425\text{kPa}$，纵坐标 $\tau = 130\text{kPa}$。

可见，两种方法得到了相同的正应力 σ 和剪应力 τ，而用解析法计算较为准确，用图解法则较为直观。

图 5-7 ［例 5-1］图

【例 5-2】 设砂土地基中某点的最大主应力 $\sigma_1 = 400\text{kPa}$，最小主应力 $\sigma_3 = 200\text{kPa}$，砂土的内摩擦角 $\varphi = 25°$，黏聚力 $c = 0$。试判断该点是否发生剪切破坏?

解 （1）假定土体刚好发生破坏时，土单元体中可能出现的破裂面与最大主应力 σ_1 作用面的夹角 $\alpha_f = 45° + \dfrac{\varphi}{2}$。根据式（5-6）可得

$$\sigma = \frac{1}{2}(\sigma_1 + \sigma_3) + \frac{1}{2}(\sigma_1 - \sigma_3)\cos\left[2\left(45° + \frac{\varphi}{2}\right)\right]$$

$$= \frac{1}{2}(400 + 200) + \frac{1}{2}(400 - 200)\cos\left[2\left(45° + \frac{25°}{2}\right)\right] = 257.7(\text{kPa})$$

$$\tau = \frac{1}{2}(\sigma_1 - \sigma_3)\sin\left[2\left(45° + \frac{\varphi}{2}\right)\right]$$

$$= \frac{1}{2}(400 - 200)\sin2\left(45° + \frac{25°}{2}\right) = 90.6(\text{kPa})$$

由于 $\tau_f = \sigma\tan\varphi = 257.7 \times \tan25° = 120.2(\text{kPa}) > \tau = 90.6(\text{kPa})$，可判断该点处于弹性平衡状态。

（2）将小主应力 σ_3 代入式（5-8），可得

$$\sigma_{1f} = \sigma_3\tan^2\left(45° + \frac{\varphi}{2}\right) = 200 \times \tan^2\left(45° + \frac{25°}{2}\right) = 492.8(\text{kPa})$$

由于 $\sigma_{1f} = 492.8(\text{kPa}) > \sigma_1 = 400 (\text{kPa})$，可判断该点处于弹性平衡状态。

（3）将小主应力 σ_1 代入式（5-9），可得

$$\sigma_{3f} = \sigma_1\tan^2\left(45° - \frac{\varphi}{2}\right) = 400 \times \tan^2\left(45° - \frac{25°}{2}\right) = 162.8(\text{kPa})$$

由于 $\sigma_{3f} = 162.8(\text{kPa}) < \sigma_3 = 200(\text{kPa})$，可判断该点处于弹性平衡状态。

5.3　抗剪强度指标的测定方法

土的抗剪强度指标 c 和 φ 可以通过剪切试验确定。剪切试验的方法有多种，室内常用的方法有直接剪切试验、三轴压缩试验和无侧限抗压强度试验；现场原位试验常用的有十字板剪切试验、大型现场直剪试验等。

5.3.1　直接剪切试验

直接剪切试验是一种快速有效地测定土的抗剪强度指标的方法，在一般工程中得到普遍使用。直接剪切试验的主要仪器为直剪仪，分应变控制式和应力控制式两种，前者是等速推动试样产生位移，测定相应的剪应力；后者则是对试件分级施加水平剪应力测定相应的位移。目前我国普遍采用的是应变控制式直剪仪，如图 5-8 所示。

试验时，垂直压力由杠杆系统通过加压活塞和透水石传给土样，水平剪应力则由轮轴推动活动的下盒施加给土样。土体的抗剪强度可由量力环测定，剪切变形由百分表测定。在施加每一级法向应力后，匀速增加剪切面上的剪应力，直至试件剪切破坏。同一种土至少取 4 个试样，分别在不同垂直压应力下剪切破坏，一般可取垂直压应力为 100kPa、200kPa、300kPa 和 400kPa。对于黏性土基本上呈直线关系，该直线与横轴的夹角为内摩擦角，在纵轴上的截距为黏聚力 c。对于无黏性土，τ_f 与 σ 之间关系则是通过原点的一条直线。

直接剪切仪具有构造简单，操作方便等优点，但它也存在若干缺点，主要有：①剪切面限定在上、下盒之间的平面，而不是沿土样最薄弱的面剪切破坏；②剪切面上剪应力分布不均匀，土样剪切破坏时先从边缘开始，在边缘发生应力集中现象；③在剪切过程中，土样剪切面逐渐缩小，而在计算抗剪强度时却是按土样的原截面积计算的；④试验时不能严格控制

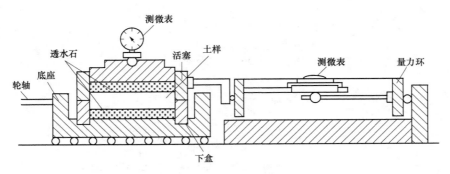

图 5-8　应变控制式直剪仪

排水条件，不能量测孔隙水压力，在进行不排水剪切时，试件仍有可能排水。特别对于饱和黏性土，由于它的抗剪强度显著受排水条件的影响，所以试验结果不够理想。

5.3.2　三轴压缩试验

三轴压缩试验是测定土抗剪强度的一种较为完善的方法。三轴压缩仪由压力室、轴向加压系统、孔隙水压力系统以及试样体积变化量测系统等组成，如图 5-9 所示。

试验时，将圆柱体土样用乳胶膜包裹，固定在压力室内的底座上。先向压力室内注入液体（一般为水），使试样受到周围压力 σ_3，在试验过程中保持 σ_3 不变。然后在压力室上端的活塞杆上施加垂直压力直至土样受剪破坏。设土样破坏时由活塞杆加在土样上的垂直压力为 $\Delta\sigma_1$，则土样上的最大主应力为 $\sigma_{1f}=\sigma_3+\Delta\sigma_1$，而最小主应力为 σ_{3f}。由 σ_{1f} 和 σ_{3f} 可绘制出一个莫尔圆。用同一种土制成 3～4 个土样，按上述方法进行试验，对每个土样施加不同的周围压力 σ_3，可分别求得剪切破坏时对应的最大主应力 σ_1，将这些结果绘成一组莫尔圆。根据土的极限平衡条件可知，通过这些莫尔圆的切点的直线就是土的抗剪强度线，由此可得抗剪强度指标 c 和 φ 值。

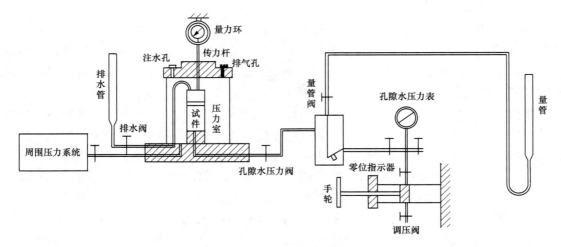

图 5-9　三轴压缩试验装置

根据土样固结排水条件的不同，相应于直接剪切试验，三轴压缩试验可分为不固结不排水试验（UU 试验）、固结不排水试验（CU 试验）和固结排水试验（CD 试验）。

三轴压缩仪的突出优点是能较为严格地控制排水条件以及可以测量试件中孔隙水压力的变化。此外，试件中的应力状态也比较明确，破裂面发生在最弱处，而不像直接剪切仪那样限定在上、下盒之间。三轴压缩试验的缺点是试件的中主应力 $\sigma_2 = \sigma_3$，而实际上土体的受力状态未必都属于这类轴对称情况。

5.3.3　无侧限抗压强度试验

无侧限抗压强度试验是三轴压缩试验的一种特例，即在三轴压缩试验时，对试样不施加周围压力（$\sigma_3 = 0$），而只施加轴向压力 σ_1，则土样剪切破坏的最小主应力 $\sigma_{3f} = 0$，最大主应力 $\sigma_{3f} = q_u$，此时绘出的莫尔应力圆如图 5-10 所示。q_u 称为土的无侧限抗压强度。

对于饱和软黏土，根据三轴不排水剪试验，其强度包线近似于一水平线，可以认为 $\varphi_u = 0$，此时其抗剪强度线与 σ 轴平行，且有 $c_u = q_u/2$。所以，可用无侧限抗压试验测定饱和软黏土的强度，该试验多在无侧限抗压仪上进行。

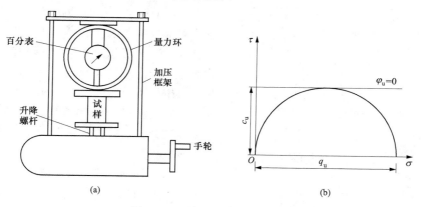

图 5-10　无侧限抗压强度试验
(a) 无侧限抗压仪；(b) 莫尔应力圆

5.3.4　十字板剪切试验

在抗剪强度的现场原位测试方法中，最常用的是十字板剪切试验。该试验无须钻孔取样，对土的扰动小，试验时土的排水条件、受力状态与实际情况十分接近，因而特别适用于难以取样且灵敏度高的饱和软黏土。与室内无侧限抗压强度试验一样，十字板剪切试验结果亦相当于不排水抗剪强度。

十字板剪切试验具有无需钻孔取样和土的结构扰动小的优点，且仪器结构简单、操作方便，因而在软黏土地基中有较好的适用性，常用于在现场对软黏土灵敏度的测定。但这种原位测试方法中剪切面上的应力条件十分复杂，排水条件也不能严格控制，因此所测得不排水强度与原状土室内的不排水剪切试验结果可能会有一定差异。

5.4　地 基 承 载 力

地基承载力是指在保证地基稳定的条件下，使建筑物或构筑物的沉降量不超过允许值的地基承受荷载的能力。地基承载力特征值应由荷载试验或其他原位测试及结合工程实践经验等方法来确定。

5.4.1　地基土的破坏形式

对地基进行静荷试验时，一般可以得到如图 5-11 所示的荷载 p 和沉降 s 的关系曲线。从荷载开始施加到地基发生破坏，地基的变形可分为三个阶段。

（1）线性变形阶段：相应于 p-s 曲线的 OA 部分。由于荷载较小，地基主要产生压密变形，荷载与沉降的关系接近于直线，此时 $p < p_{cr}$。

（2）弹塑性变形阶段：相应于 p-s 曲线 AB 部分。当荷载增加到超过 A 点压力时，荷载与沉降之间成曲线，此时 $p_{cr} < p < p_u$。

（3）破坏阶段：相应于 p-s 曲线的 BC 段。在这个阶段塑性区已发展到形成一连续的滑动面，荷载略有增加或不增加，沉降均急剧变化，地基丧失稳定，此时 $p_u < p$。

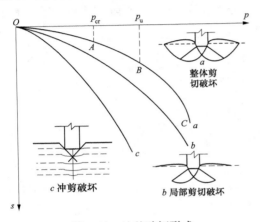

相应于上述地基变形的三个阶段，在 p-s 曲线上有两个转折点 A 和 B（见图 5-11），A 点所对应的荷载称为临塑荷载，以 p_{cr} 表示，即地基从压密变形阶段转为弹塑性变形阶段的临界荷载。当基底压力等于该荷载时，基础边缘的土体开始出现剪切破坏，但塑性破坏区尚未发展。B 点所对应的荷载为极限荷载，以 p_u 表示，即使地基发生整体剪切破坏的荷载。荷载从 p_{cr} 增加到 p_u 的过程是地基剪切破坏区逐渐发展的过程。

图 5-11　地基破坏形式

根据地基剪切破坏的特征，可将地基破坏分为整体剪切破坏、局部剪切破坏和冲剪破坏三种模式。

（1）整体剪切破坏。地基发生整体剪切破坏的过程和特征可从静荷载试验的 p-s 曲线得出。当基底压力 p 超过临塑荷载后，随着荷载的增加，剪切破坏区不断扩大，最后在地基中形成连续的滑动面。当 p 达到 p_u 时，地基土塑性区连成一片，基础急速下沉，侧边地基土向上隆起，如图 5-11 所示的曲线 a。密实的砂土和硬黏性土可能发生这种破坏形式。

（2）局部剪切破坏。局部剪切破坏的过程与整体剪切破坏相似，破坏也从基础下边缘开始。随着荷载增加，压密区向两侧挤压，土中产生塑性区，塑性区先在基础边缘产生，然后逐步扩大形成两侧塑性区。基础的沉降增长率较前一阶段增大，故 p-s 曲线呈曲线状。与整体剪切破坏不同，局部剪切破坏时，其压力与沉降的关系，从一开始就呈现非线性的变化，并且当达到破坏时，均无明显的转折现象，如图 5-11 所示的曲线 b。中等密实砂土、松砂和软黏土都可能发生这种破坏。

（3）冲剪破坏。它不是在基础下出现明显的连续滑动面，而是随着荷载的增加，基础将随着土的压缩近似垂直向下移动。当荷载继续增加并达到某一数值时，基础随着土的压缩持续刺入，最后因基础侧面附近土的垂直剪切而破坏。冲剪破坏的压力与沉降关系曲线类似局部剪切破坏的情况，也不出现明显的转折现象，如图 5-11 所示的曲线 c。对于压缩性较大的松砂和软土地基可能发生这种破坏形式。

地基的破坏模式除了与地基土的条件有关外，还与基础埋深和加荷速率等影响因素有关。当基础埋深较浅，荷载缓慢施加时，趋向于整体剪切破坏；若基础埋深较深，快速加荷，则可能形成局部剪切破坏或冲剪破坏，比如桩基的破坏。

5.4.2　地基的临塑荷载和界限荷载

地基的临塑荷载和界限荷载的基本公式是建立在下述理论的基础上：①应用弹性理论计算附加应力；②利用强度理论建立极限平衡条件。需要指出的是，临塑荷载和界限荷载的确定均在整体剪切破坏的条件下提出的。

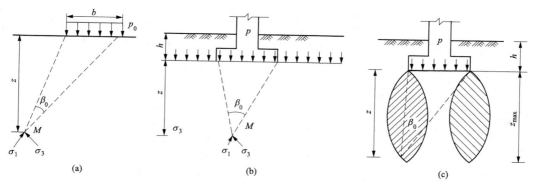

图 5-12　条形均布荷载作用下地基中的主应力及塑性区
(a) 无埋深；(b) 基础有一定埋深；(c) 塑性区边界线

假设地基为均质地基，竖向均布荷载为 p_0，基础为条形基础。如图 5-12 (a) 所示，地表下任一点 M 处产生的大、小主应力为

$$\begin{cases} \sigma_1 = \dfrac{p_0}{\pi}(\beta_0 + \sin\beta_0) \\[2mm] \sigma_3 = \dfrac{p_0}{\pi}(\beta_0 - \sin\beta_0) \end{cases} \tag{5-13}$$

对于均布条形荷载 p，埋深为 h 的基础。如图 5-12 (b) 所示，地基中任意一点 M 处大、小主应力为

$$\begin{cases} \sigma_1 = \dfrac{p - \gamma_m h}{\pi}(\beta_0 + \sin\beta_0) + \gamma_m h + \gamma z \\[2mm] \sigma_3 = \dfrac{p - \gamma_m h}{\pi}(\beta_0 - \sin\beta_0) + \gamma_m h + \gamma z \end{cases} \tag{5-14}$$

式中：h 为基础埋深，m；γ_m 为基础埋深范围内土层的加权平均重度，kN/m^3；γ 为地基持力层土的重度，kN/m^3。

当 M 点达到极限平衡状态时，该点的大、小主应力应满足以下条件

$$\frac{1}{2}(\sigma_1 - \sigma_3) = \left[c\cot\varphi + \frac{1}{2}(\sigma_1 + \sigma_3) \right] \sin\varphi \tag{5-15}$$

将式 (5-14) 代入式 (5-15)，整理得

$$z = \frac{p - \gamma_m h}{\gamma \pi}\left(\frac{\sin\beta_0}{\sin\varphi} - \beta_0 \right) - \frac{c}{\gamma \tan\varphi} - \frac{\gamma_m}{\gamma}h \tag{5-16}$$

式 (5-16) 称为地基塑性区的边界方程，表示塑性区边界上任意一点的 z 与 β_0 之间的关系，可绘出塑性区的边界线。

1. 临塑荷载

塑性区开展的最大深度 $z_{\max}$ 可由塑性区的边界方程求极值法得到，对式（5-16）的 β 求导数，并令其等于零，可得

$$\beta_0 = \frac{\pi}{2} - \varphi \tag{5-17}$$

将式（5-17）代入边界方程式（5-16），可得塑性区开展的最大深度为

$$z_{\max} = \frac{p - \gamma_m h}{\gamma \pi}\left[\cot\varphi - \left(\frac{\pi}{2} - \varphi\right)\right] - \frac{c}{\gamma\tan\varphi} - \frac{\gamma_m}{\gamma}h \tag{5-18}$$

若 $z_{\max} = 0$，表示地基中刚要出现但尚未出现塑性区，相应的荷载称为临塑荷载 p_{cr}，即

$$p_{cr} = \frac{\pi(\gamma_m h + c\cot\varphi)}{\cot\varphi + \varphi - \dfrac{\pi}{2}} + \gamma_m h \tag{5-19}$$

或 $$p_{cr} = cN_c + qN_q \qquad q = \gamma_m h \tag{5-20}$$

$$N_c = \frac{\pi\cot\varphi}{\cot\varphi + \varphi - \dfrac{\pi}{2}}, \qquad N_q = \frac{\cot\varphi + \varphi + \dfrac{\pi}{2}}{\cot\varphi + \varphi - \dfrac{\pi}{2}}$$

式中：φ 为地基土的内摩擦角；h 为基础埋深，m；γ_m 为基础埋深范围内土层的加权平均重度，kN/m^3。

可见，临塑荷载 p_{cr} 由两部分组成：①地基土中黏聚力 c 的作用；②基础两侧超载 q 或基础埋深 h 的影响。这两部分都是内摩擦角 φ 的函数，p_{cr} 随 φ、c、q 的增大而增大。

2. 界限荷载

在基础设计中，若以临塑荷载 p_{cr} 作为浅基础的地基承载力无疑是安全的。除软弱地基外，一般地基即使让极限平衡区发展到某一深度，也并不影响建筑物的安全和正常使用。经验认为，在中心荷载作用下，$z_{\max}$ 应控制在基础宽度的 1/4，相应的荷载用 $p_{1/4}$ 来表示；在偏心荷载下控制 $z_{\max} = b/3$，相应的荷载用 $p_{1/3}$ 表示。把 $p_{1/4}$、$p_{1/3}$ 称为界限荷载。

在式（5-18）中，令 $z_{\max} = \dfrac{1}{4}b$，可得

$$p_{1/4} = \frac{\pi\left(\gamma_m h + c\cot\varphi + \dfrac{1}{4}\gamma b\right)}{\cot\varphi + \varphi - \dfrac{\pi}{2}} + \gamma_m h \tag{5-21}$$

偏心荷载作用的基础，一般可取 $z_{\max} = \dfrac{1}{3}b$，相应的 $p_{1/3}$ 作为地基承载力，即

$$p_{1/3} = \frac{\pi\left(\gamma_m d + c\cot\varphi + \dfrac{1}{3}\gamma b\right)}{\cot\varphi + \varphi - \dfrac{\pi}{2}} + \gamma_m h \tag{5-22}$$

式中：b 为条形基础底面宽度，m，对矩形基础 b 取短边长度，对圆形基础取 $b = \sqrt{A}$；A 为圆形基础底面积。

5.4.3 地基极限承载力

地基极限承载力是指地基发生剪切破坏失去整体稳定时的基底压力，以 p_u 表示。地基

承载力的设计值是由地基极限承载力除以安全系数 K，即

$$f_{ak} = \frac{p_u}{K} \tag{5-23}$$

式中：f_{ak} 为地基承载力特征值，kPa；K 为安全系数。

　　求解地基极限承载力的方法一般有两种：①根据土的极限平衡理论和已知边界条件，计算地基土达到极限平衡时的应力和滑动面方向，用解析法求得地基的极限承载力。此方法过程繁琐，未被广泛采用。②根据模型试验和工程实践经验，先假定地基土在极限状态下滑动面的形状，根据滑动土体的静力平衡条件求解极限荷载。此方法是半经验性的，称为假定滑动面法。但由于推导的假定条件不同，所得计算的极限承载力公式亦不同，下面介绍几个常用的公式。

　　1. 普朗特尔公式

　　（1）适用范围：条形基础、中心荷载、基底光滑、均匀地基和整体剪切破坏。

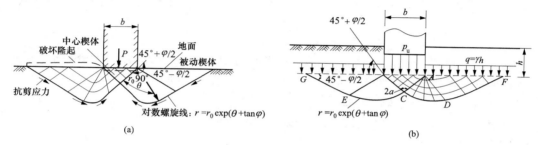

图 5-13　普朗特尔理论假设的滑动面
（a）基础无埋深；（b）基础有埋深

　　（2）基本假设：

　　1）地基土是均匀，各向同性的无重量介质，即 $\gamma = 0$，而只有 c 和 φ 的材料。

　　2）基础底面光滑，即基础底面与土之间无摩擦力存在，所以基底压应力垂直于地面。

　　3）当地基处于极限平衡状态时，将出现连续的滑动面，其滑动区域将由朗肯主动区 I，径向剪切区 II 或过渡区和朗肯被动区 III 所组成。其中滑动区 I 边界 BC 或 AC 为直线，主应力 σ_1 是垂向的，破裂面与水平面成 $45° + \varphi/2$。在 III 区的大主应力 σ_1 是水平向的，其破裂面与水平面成 $45° - \varphi/2$；三角形 ABC 是主动应力状态区；滑动区 II 的边界 CE 或 CD 为对数螺旋曲线，其曲线方程为 $r = r_0 \exp(\theta + \tan\varphi)$，$r_0$ 为起始矢径；θ 为射线 r 与 r_0 夹角，滑动区 III 的边界 EG，DF 为直线并与水平面成 $45° - \varphi/2$。

　　（3）极限承载力公式。普朗特尔根据塑性理论导出了当介质达到破坏时的滑动面形状及其相应的极限承载力公式，即

$$p_u = cN_c \tag{5-24}$$

$$N_c = \cot\varphi \left[e^{\pi\tan\varphi} \tan^2\left(45° + \frac{\varphi}{2}\right) - 1 \right] \tag{5-25}$$

式中：N_c 为承载力系数，仅与 φ 有关的无量纲系数；c 为土的黏聚力，kPa。

　　如果考虑到基础有一定的埋深 h 时，如图 5-13（b）所示，可将基底以上土重用均布超载 $q = \gamma_0 h$ 计算，赖斯纳给出了计入基础埋深后的极限承载力

$$p_u = \gamma h N_q + c N_c \tag{5-26}$$

式中：N_q 为仅与 φ 有关的另一承载力系数，可由式（5-27）计算

$$N_q = e^{\pi \tan\varphi} \tan^2\left(45° + \frac{\varphi}{2}\right) \tag{5-27}$$

普朗特尔的极限承载力公式与基础宽度无关，这是由于推导过程中不计基础土的重度所致，此外基底与土之间尚存在一定的摩擦力，因此，普朗特尔公式是一个近似公式。

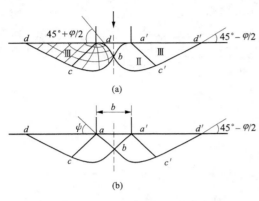

图 5-14 太沙基公式假定的滑动面

2. 太沙基公式

由于基底与土之间的摩擦力阻止了发生剪切位移，因此，基底以下的 I 区就像弹性核一样随基础一起向下移动，为弹性区。由于 $\gamma \neq 0$，弹性 I 区与过渡 II 区的交界面为一曲面，弹性核的尖端 b 点必定是左右两侧的曲线滑动面的相切点。为了方便，将曲面用平面代替，并与水平面成 ϕ 角，一般 $\varphi < \psi < 45° + \frac{\varphi}{2}$；当基底完全粗糙时，$\phi = \psi$。太沙基公式假定的滑动面如图 5-14 所示。

太沙基承载力理论基本假定如下：

（1）地基土是均匀的，各向同性的有重量介质，即 $\gamma \neq 0$。

（2）基底可以是粗糙的。

（3）当基底完全粗糙时，滑区由径向剪切区 II 和朗肯被动区 III 组成。

（4）当基础埋深 h 时，基底以上两侧土重，用当量均布超载 $q = \gamma_0 h$ 代替。

弹性体形状确定后，根据静力平衡条件，可推导出太沙基极限承载力公式，即

$$p_u = \gamma_0 h N_q + c N_c + \frac{1}{2} \gamma b N_r \tag{5-28}$$

式中：N_c、N_q、N_r 为无量纲承载力系数，仅与土的内摩擦角有关，可通过查表 5-1 确定，N_c 和 N_q 值可按式（5-25）及式（5-27）计算；b、h 分别为基础的宽度和埋深，m。

表 5-1　　　　　　　　　太沙基无量纲承载力系数

φ	0°	5°	10°	15°	20°	25°	30°	35°	40°	45°
N_r	0	0.51	1.2	1.8	4.0	11.0	21.8	45.4	125	326
N_q	1.0	1.64	2.69	4.45	7.42	12.7	22.5	41.4	81.3	173.3
N_c	5.71	7.32	9.58	12.9	17.6	25.1	37.2	57.7	95.7	172.2

式（5-28）是在地基整体剪切破坏的条件下推导的，适用于压缩性较小的密实地基。对于松软的压缩性较大的地基，可能发生局部剪切破坏，沉降量较大，其极限荷载较小。对于局部剪切破坏的情况，建议将土的强度指标调整为：$\tan\varphi' = \frac{2}{3}\tan\varphi$，$c' = \frac{2}{3}c$。

此时，极限荷载公式为

$$p_u = \frac{1}{2}\gamma b N_r' + \gamma_0 h N_q' + \frac{2}{3}c N_c' \tag{5-29}$$

式中：N'_c、N'_q、N'_r 为相应于局部剪切破坏的承载力因数，可通过地基土调整后的内摩擦角计算得到，也可查表 5-1 确定。

式（5-28）和式（5-29）仅适用于条形基础，对于方形基础和圆形基础，太沙基建议按照下面修正的公式来计算。

（1）方形基础：

整体剪切破坏

$$p_u = 0.4\gamma b N_r + \gamma_0 d N_q + 1.2 c N_c \tag{5-30}$$

局部剪切破坏

$$p_u = 0.4\gamma b N'_r + \gamma_0 d N'_q + 0.8 c' N'_c \tag{5-31}$$

（2）圆形基础：

整体剪切破坏

$$p_u = 0.6\gamma R N_r + \gamma_0 d N_q + 1.2 c N_c \tag{5-32}$$

局部剪切破坏

$$p_u = 0.6\gamma R N'_r + \gamma_0 d N'_q + 0.8 c' N'_c \tag{5-33}$$

式中：b、R 分别为方形基础的边长以及圆形基础的半径，m。

5.5　输电杆塔地基承载力的计算

5.5.1　地基承载力特征值的确定

（1）当基础宽度大于 3m 或埋置深度大于 0.5m 时，地基承载力特征值按式（5-34）进行修正，即

$$f_a = f_{ak} + \eta_b \gamma (b - 3) + \eta_d \gamma_m (h - 0.5) \tag{5-34}$$

式中：f_a 为修正后的地基承载力特征值，kPa；f_{ak} 为地基承载力特征值，kPa，可由荷载试验或其他原位测试、理论公式计算、并结合工程实践经验等方法综合确定。当无资料时，未修正的地基承载力特征值 f_{ak} 可参考附录 B；η_b、η_d 为基础宽度和埋深的地基承载力修正系数，按基底下土的类别可查表 5-2 确定；γ 为基础底面以下土的重度，kN/m³，地下水位以下取浮重度；b 为基础底面宽度，m，当基础底面宽度小于 3m 时按 3m 取值，大于 6m 时按 6m 取值；γ_m 为基础底面以上土的加权平均重度，kN/m³，地下水位以下的土层取有效重度；h 为基础埋置深度，m，宜自室外地面标高算起。在填方整平地区，可自填土地面标高算起，但填土在上部结构施工后完成时，应从天然地面标高算起。

表 5-2 　　　　　　　　　　　　　地基承载力修正系数

土的类别		宽度修正系数 η_b	深度修正系数 η_d
淤泥和淤泥质土		0	1.0
人工填土 e 或 I_L 大于等于 0.85 的黏性土		0	1.0
红黏土	含水比 $\alpha_w > 0.8$	0	1.2
	含水比 $\alpha_w \leqslant 0.8$	0.15	1.4

土的类别		宽度修正系数 η_b	深度修正系数 η_d
大面积压实填土	压实系数大于 0.95、黏粒含量 $\rho_c \geq 10\%$ 的粉土	0	1.5
	最大干密度大于 2100kg/m³ 的级配砂石	0	2.0
粉土	黏粒含量 $\rho_c \geq 10\%$ 的粉土	0.3	1.5
	黏粒含量 $\rho_c < 10\%$ 的粉土	0.5	2.0
e 及 I_L 均小于 0.85 的黏性土		0.3	1.6
粉砂、细砂（不包括很湿与饱和时的稍密状态）		2.0	3.0
中砂、粗砂、砾砂和碎石土		3.0	4.4

注　1. 强风化和全风化的岩石，可参照所风化成的相应土类取值，其他状态下的岩石不修正。

　　2. 含水比是指土的天然含水量与液限的比值。

　　3. 大面积压实填土是指填土范围大于两倍基础宽度的填土。

（2）悬垂塔地基承载力特征值也可根据土的抗剪强度指标按式（5-35）计算，即

$$f_a = M_b \gamma b + M_d \gamma_m h + M_c c_k \tag{5-35}$$

式中：f_a 为由土的抗剪强度指标确定的地基承载力特征值，kPa；M_b、M_d、M_c 为承载力系数，按表 5-3 确定；b 为基础底面宽度，m，大于 6m 按 6m 取值，对于砂土小于 3m 按 3m 取值；c_k 为基底下一倍短边宽度的深度范围内土的黏聚力标准值，kPa。

表 5-3　　　　　　　　　　地基承载力系数

土的内摩擦角标准值 φ_k	M_b	M_d	M_c
0	0	1.00	3.14
2	0.03	1.12	3.32
4	0.06	1.25	3.51
6	0.10	1.39	3.71
8	0.14	1.55	3.93
10	0.18	1.73	4.17
12	0.23	1.94	4.42
14	0.29	2.17	4.69
16	0.36	2.43	5.00
18	0.43	2.72	5.31
20	0.51	3.06	5.66
22	0.61	3.44	6.04
24	0.80	3.87	6.45
26	1.10	4.37	6.90
28	1.40	4.93	7.40
30	1.90	5.59	7.95
32	2.60	6.35	8.55
34	3.40	7.21	9.22
36	4.20	8.25	9.97
38	5.00	9.44	10.80
40	5.80	10.84	11.73

注　φ_k 为基底下一倍短边宽度的深度范围内土的内摩擦角标准值，(°)。

5.5.2　地基软弱下卧层的计算

（1）软弱土地基承载力特征值的修正。软弱土地基或软弱下卧层，因其压缩变形大，上部荷载作用时不能起到应力均布扩散作用。所以，地基承载力计算时不予考虑基础的宽度修正，只做深度修正。对于软弱土地基承载力特征值的修正可按式（5-36）计算，即

$$f_{az} = f_{ak} + \eta_d \gamma_m (h - 0.5) \tag{5-36}$$

式中：f_{az} 为软弱下卧层顶面处经深度修正后的地基承载力特征值，kPa。

（2）软弱下卧层强度计算。工程实践中常遇到持力层土质不好、下卧层土质较软弱的情况。当地基受力层范围内有软弱下卧层时，应符合以下规定

$$\gamma_{rf}(\sigma_z + \sigma_{cz}) \leqslant f_{az} \tag{5-37}$$

对于矩形底板

$$\sigma_z = \frac{lb(p - \sigma_{cz})}{(b + 2z\tan\theta)(l + 2z\tan\theta)} \tag{5-38}$$

对于方形底板

$$\sigma_z = \frac{B^2(p - \sigma_{cz})}{(B + 2z\tan\theta)^2} \tag{5-39}$$

对于圆形底板

$$\sigma_z = \frac{D^2(p - \sigma_{cz})}{(D + 2z\tan\theta)^2} \tag{5-40}$$

式中：f_{az} 为软弱下卧层顶面处经深度修正后的地基承载力特征值，kPa；σ_z 为软弱下卧层顶面处的附加应力值，kPa；σ_{cz} 为软弱下卧层顶面处土的自重应力，kPa；p 为基础底面处平均压力设计值，kPa；b 为矩形基础底边的宽度，m；l 为矩形基础底边的长度，m；z 为基础底面至软弱下卧层顶面的距离，m；γ_{rf} 为地基承载力调整系数，取 $\gamma_{rf} = 0.75$；θ 为地基压力扩散线与垂直线的夹角，°，可按表 5-4 采用。

表 5-4　　　　　　　　　　　　　　地基压力扩散角 θ

E_{s1}/E_{s2}	z/b	
	0.25	0.50
3	6°	23°
5	10°	25°
10	20°	30°

注　1. E_{s1} 为上层土压缩模量；E_{s2} 为下层土压缩模量。

2. $z/b(z/B、z/D) < 0.25$ 时取 $\theta = 0°$，必要时宜由试验确定；$z/b(z/B、z/D) > 0.50$ 时 θ 值不变。

3. z/b 在 0.25 与 0.50 之间可插值使用。

（3）对于两相邻受压基础的中心距离 $L < b + 2z\tan\theta$ 或 $L < l + 2z\tan\theta$ 时，软弱下卧层顶面处的附加应力 p_z 尚应加上相邻基础对该层的附加压应力。

思 考 题

1. 各类建筑工程设计中，为了建筑物的安全可靠，要求建筑地基必须同时满足哪些技术条件？

（扫一扫

查看参考答案）

2. 何谓莫尔—库仑强度理论？

3. 何谓土的极限平衡条件？如何表达？

4. 如何确定土的剪切破坏面的方向？什么情况下剪切破坏面与最大剪应力面一致？

5. ［例 5-2］中单元土体是否会沿剪应力最大的面发生破坏？为什么？

6. 如何从库仑定律和莫尔应力圆原理说明，当 σ_1 不变时，σ_3 越小越易破坏；反之，σ_3 不变时，σ_1 越大越易破坏。

7. 为什么直剪试验要分快剪，固结快剪及慢剪？这三种试验结果有何差别？

8. 临塑荷载 p_{cr}、界限荷载 $p_{1/4}$ 以及极限荷载 p_u 的物理意义是什么？

9. 地基的破坏模式有哪几种？试分别说明其特征？并说明各自发生在何种地基中？

10. 影响地基承载力的因素有哪些？

11. 太沙基承载力公式的适用条件是什么？

12. 对地基承载力特征值 f_{ak} 的确定，为什么要进行基础宽度与埋深的修正？

习 题

1. 地基中某一单元土体上的大主应力为 470kPa，小主应力为 150kPa。通过试验测得土的抗剪强度指标 $c=20kPa$，$\varphi=26°$。试问：

（1）该单元土体处于何种状态？

（2）单元土体最大剪应力出现在哪个面上，是否会沿剪应力最大的面发生剪破？为什么？［答案：（1）破坏；（2）$\alpha=45°$ 面上，不会剪破］

2. 设地基内某点的大主应力为 $\sigma_1=550kPa$，小主应力为 $\sigma_3=300kPa$，孔隙水应力为 100kPa。土的有效黏聚力为 $c'=20kPa$，有效内摩擦角 $\varphi'=24$。试判断该点是否达到破坏状态。（答案：该点达到破坏状态）

3. 设砂土地基中一点的大、小主应力分别为 500kPa 和 180kPa，其内摩擦角 $\varphi=36°$，求：

（1）该点最大剪应力是多少？最大剪应力面上的法向应力为多少？

（2）此点是否已达极限平衡状态？为什么？

（3）如果此点未达到极限平衡，令大主应力不变，而改变小主应力；使该点达到极限平衡状态，这时小主应力为多少？

［答案：（1）160kPa，340kPa；（2）未达到极限平衡状态；（3）129.8kPa］

4. 已知某土样黏聚力 $c=8kPa$，内摩擦角 $\varphi=32°$。若将土样置于三轴仪中进行三轴剪切试验，当小主应力为 40kPa 时，大主应力为多少才能使土样达到极限平衡状态？（答案：159kPa）

第6章 土压力理论及挡土墙结构

6.1 概　述

土坡可能发生局部土体的滑动失稳，造成事故并危及人身安全。影响土坡滑动的原因较多，其根本原因在于土体内部某个面上的剪应力达到了抗剪强度，从而造成土体发生剪切破坏。导致土坡滑动失稳的因素主要有两种：①外界荷载作用或土坡环境变化等导致土体内部剪应力增大，比如基坑的开挖、坡顶荷载的增加、降雨导致土体内水的渗流力和重度增加，以及由于地震、打桩等引起的动力荷载等；②外界因素导致土体抗剪强度降低，比如超孔隙水压力的产生，气候变化产生的干裂、冻融，黏土夹层因雨水等侵入而软化，以及黏性土因蠕变土体强度降低等。挡土墙是防止土体坍塌的重要构筑物，在输电线路、铁路和公路桥梁等工程建设中得到广泛应用。土压力是作用在挡土墙的主要荷载，因此，设计挡土墙时首先要确定土压力的性质、大小、方向和作用点。

本章主要介绍土压力的形成及其影响因素，朗背土压力理论、库仑土压力理论、土压力的计算方法及常见情况的土压力计算，简单重力式挡土墙的设计方法等内容。

6.2 挡土墙的土压力

6.2.1 土压力的类型

挡土墙的土压力是指挡土墙后的填土因自重或外荷载作用对墙背产生的侧向压力。土压力的大小与挡土墙的截面形式、墙后土体的性质、填土面的形式以及作用荷载等因素有关。按照挡土墙的可能位移方向和墙后土体所处的状态，土压力可分为静止土压力、主动土压力和被动土压力三种。

（1）静止土压力。当挡土墙在墙后填土的推力作用下，不产生任何移动或转动时，土体由于挡土墙的侧限作用而处于弹性平衡状态，作用于墙背上的土压力称为静止土压力，用E_0表示，如图6-1（a）所示。

（2）主动土压力。当挡土墙在墙后土体的推力作用下背离填土方向移动或转动时，墙后土体由于侧面所受限制的放松而有下滑趋势，土体内潜在的滑动面上剪应力增加，使作用在墙背上的土压力减小。当墙向前位移达主动极限平衡状态时，墙背上作用的土压力减至最小。此时作用在墙背上的最小土压力称为主动土压力，用E_a表示，如图6-1（b）所示。

（3）被动土压力。当挡土墙在较大的外力作用下，向着填土方向移动或转动时，作用在墙背上的土压力逐渐增加，当墙的移动量足够大时，墙后土体达到被动极限平衡状态，这时作用在墙背上的最大土压力称为被动土压力，用E_p表示，如图6-1（c）所示。

大部分情况下作用在挡土墙上的土压力均介于上述三种状态下的土压力值之间。上述挡土墙位移情况与土压力的关系，如图6-2所示。试验研究表明，在物理力学性质相同条件下，主动土压力小于静止土压力，而静止土压力远远小于被动土压力，即

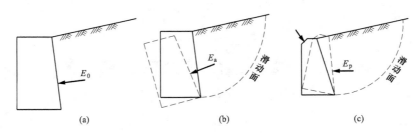

图 6-1　挡土墙上的三种土压力

（a）静止土压力；（b）主动土压力；（c）被动土压力

$$E_a < E_0 \ll E_p \tag{6-1}$$

在相同条件下，产生被动土压力时所需的位移量远远大于产生主动土压力时所需的位移量，即 $\Delta\delta_b \gg \Delta\delta_a$。

6.2.2　影响土压力的因素

（1）挡土墙的位移：挡土墙的位移方向和位移量的大小，是影响土压力最主要的因素，产生被动土压力的位移量大于产生主动土压力的位移量。

（2）挡土墙的形状：挡土墙剖面形状，包括墙背为竖直或倾斜，墙背为光滑或粗糙，不同的挡土墙的形状，土压力的计算公式不同，计算结果也不一样。

（3）填土的性质：挡土墙后填土的性质，包括填土的松密程度（即重度、干湿程度等），土的内摩擦角和黏聚力的大小，以及填土的形状（水平、上斜或下斜）等，都将影响土压力的大小。

实际工程中，一般按 E_a、E_0 和 E_p 的值进行挡土墙设计，此时应根据挡土结构的实际条件，主要是墙身的位移情况，决定采用哪一种土压力作为计算依据。在使用被动土压力时，由于达到被动土压力时挡土墙将要发生较大的位移，因此计算时往往只按静止土压力或被动土压力的一部分来考虑。

6.2.3　静止土压力的计算

作用在挡土墙背面的静止土压力可视为天然土层自重应力的水平分量。如图 6-3 所示，在墙后填土表面下任意深度 z 处取一微小单元体，作用于单元体水平面上的应力为 γz，则该点的静止土压力强度为

$$\sigma_0 = K_0 \gamma z \tag{6-2}$$

式中：K_0 为土的侧压力系数或静止土压力系数；γ 为墙后填土的重度，kN/m^3；z 为计算点在填土面下的深度，m。

静止土压力系数 K_0 可以通过以下三种方法来确定。

（1）根据室内试验（如单轴固结试验、三轴试验等）或原位测试来确定。

（2）采用经验公式计算，即 $K_0 = 1 - \sin\varphi'$，φ' 为土的有效内摩擦角。该式计算的 K_0 值与砂土的试验结果吻合较好，对黏性土会有一定的误差，对于饱和软黏性土慎用。

（3）按表 6-1 提供的经验值酌定。

静止土压力系数 K_0 随土体密实度、固结程度的增加而增大，当土层处于超压密状态时，其值增大尤为显著。这种情况下需要通过试验来测定静止土压力系数。

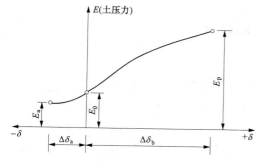

图 6-2　挡土墙墙身位移与土压力

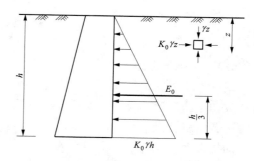

图 6-3　静止土压力的计算

表 6-1　　　　　　　　　　　　**静止土压力系数 K_0 的经验值**

土类	坚硬土	硬塑黏性土、粉质黏土、砂土	可塑黏性土	软黏性土	流塑黏性土
K_0	0.2~0.4	0.4~0.5	0.5~0.6	0.6~0.75	0.75~0.8

由式（6-2）可知，静止土压力沿墙高呈三角形分布。作用在单位墙长的静止土压力为

$$E_0 = \frac{1}{2}\gamma h^2 K_0 \tag{6-3}$$

式中：E_0 为单位墙长的静止土压力，kN/m；h 为挡土墙高度，m。

【例 6-1】 已知某挡土墙高 4.0m，墙背竖直光滑，墙后填土面水平，填土重度为 $\gamma = 18.0$kN/m³，静止土压力系数 $K_0 = 0.65$。试计算作用在墙背的静止土压力大小及其作用点，并绘出土压力沿墙高的分布图。

解　按静止土压力计算公式，墙顶处静止土压力强度为

$$\sigma_{01} = K_0 \gamma z = 0$$

墙底处静止土压力强度为

$$\sigma_{02} = K_0 \gamma z = 0.65 \times 18.0 \times 4 = 46.8(\text{kPa})$$

土压力沿墙高分布如图 6-4 所示，土压力合力 E_0 的大小可通过三角形面积求得

$$E_0 = \frac{1}{2} \times 46.8 \times 4 = 93.6\text{kN/m}$$

静止土压力 E_0 的作用点到墙底的距离为

$$\frac{h}{3} = 1.33(\text{m})$$

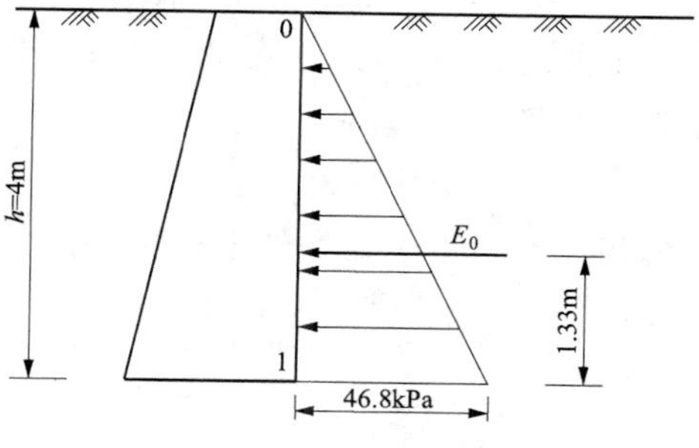

图 6-4　［例 6-1］图

6.3 朗肯土压力理论

6.3.1 基本原理

朗肯土压力理论是英国学者朗肯根据墙后填土处于极限平衡状态时，推导出的主动土压力和被动土压力计算公式。朗肯土压力理论的基本假设为：①挡土墙是刚性的，墙背竖直、光滑；②墙后填土面水平。

朗肯将上述原理应用于挡土墙的土压力计算中，设想用墙背直立的挡土墙代替半空间左边的土。如果墙背与土的接触面上满足剪应力为零的边界应力条件以及产生主动或被动朗肯状态的边界变形条件，由此推导出主动和被动土压力计算公式。如果挡土墙静止不动，则墙后土体的应力状态不变。

6.3.2 主动土压力

如图 6-5（a）所示，重度为 γ 的半无限土体处于静止状态（即弹性平衡状态）时，在离地表为 z 深度处取一单元体 M，单元体水平截面上的法向应力等于该处土的自重应力，即 $\sigma_z = \gamma z$。竖直截面上的法向应力为 $\sigma_x = K_0 \gamma z$。σ_z 和 σ_x 均为主应力，并且在正常固结土中，$\sigma_z = \sigma_1$，$\sigma_x = \sigma_3$。此时的应力状态可用莫尔应力圆表示。由于该点处于弹性平衡状态，所以莫尔圆位于抗剪强度包线的下方，如图 6-5（b）中的圆 I 所示。

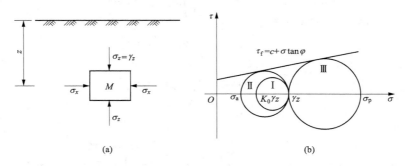

图 6-5　半空间体的极限平衡状态

（a）半空间体中一点的应力状态；（b）莫尔应力圆与朗肯状态关系

当土体在水平方向伸展（即挡土墙在土压力作用下离开土体的位移），上述单元体在水平截面上的法向应力 σ_z 不变，而竖直截面上的法向应力 σ_x 却逐渐减小，直至满足极限平衡条件为止（称为主动朗肯状态）。此时，σ_x 达到最低限值 σ_a，莫尔圆与抗剪强度包线（破坏包线）相切。剪切破坏面与水平面的夹角为 $45° + \varphi/2$。以 $\sigma_1 = \sigma_z = \gamma z$ 与 $\sigma_3 = \sigma_x = \sigma_a$ 为直径画出莫尔应力圆与抗剪强度包线相切，如图 6-5（b）所示的圆 II 所示。如果挡土墙继续位移，土体只能产生塑性变形，而不会改变其应力状态。

由莫尔—库仑强度理论可知，当土体中某点处于极限平衡状态时，大主应力 σ_1 和小主应力 σ_3 之间满足以下关系，即

$$\sigma_1 = \sigma_3 \tan^2\left(45° + \frac{\varphi}{2}\right) + 2c \tan\left(45° + \frac{\varphi}{2}\right) \tag{6-4}$$

或

$$\sigma_3 = \sigma_1 \tan^2\left(45° - \frac{\varphi}{2}\right) - 2c\tan\left(45° - \frac{\varphi}{2}\right) \tag{6-5}$$

当土体处于主动极限平衡状态时，$\sigma_1 = \sigma_z = \gamma z$，$\sigma_3 = \sigma_x = \sigma_a$，代入式（6-5），并令 $K_a = \tan^2\left(45° - \frac{\varphi}{2}\right)$。则有

$$\sigma_a = \sigma_z \tan^2\left(45° - \frac{\varphi}{2}\right) - 2c\tan\left(45° - \frac{\varphi}{2}\right) = \gamma z K_a - 2c\sqrt{K_a} \tag{6-6}$$

式（6-6）适于墙背填土为黏性土的情况。对于无黏性土，由于 $c=0$，则有

$$\sigma_a = \sigma_z \tan^2\left(45° - \frac{\varphi}{2}\right) = \gamma z K_a \tag{6-7}$$

式中：K_a 为主动土压力系数，$K_a = \tan^2\left(45° - \frac{\varphi}{2}\right)$；$\gamma$ 为墙后填土的重度，kN/m^3，地下水位以下取浮重度；c 为墙后填土的黏聚力，kPa；φ 为墙后填土的内摩擦角，°；z 为计算点离填土表面的深度，m。

（1）无黏性土的主动土压力。无黏性土的主动土压力强度与 z 成正比，沿墙高的土压力呈三角形分布［见图 6-6（a）］。如取单位墙长，则主动土压力 $E_a(kN/m)$ 为

$$E_a = \frac{1}{2}\gamma h^2 \tan^2\left(45° - \frac{\varphi}{2}\right) = \frac{1}{2}\gamma h^2 K_a \tag{6-8}$$

式中：h 为挡土墙的高度，m。

主动土压力 E_a 通过三角形的形心，作用在距墙底 $h/3$ 处。

（2）黏性土的主动土压力。黏性土的主动土压力强度包括两部分：一部分是由土的自重引起的土压力强度 $\gamma z K_a$，另一部分是由黏聚力引起的负侧压力强度 $-2c\sqrt{K_a}$，这两部分土压力叠加的结果如图 6-6（b）所示。其中 ade 部分是负侧压力，对墙背而言是拉力，但实际上墙与土在很小的拉力作用下就会分离，从而造成土压力为零。所以黏性土的土压力分布仅是 abc 部分。a 点离填土面的深度 z_0 称临界深度，在填土面无荷载的条件下，令式（6-6）为 0 可求得 z_0 值，即

$$z_0 = \frac{2c}{\gamma\sqrt{K_a}} \tag{6-9}$$

取单位墙长计算，主动土压力 E_a 应为三角形 abc 的面积，即

$$E_a = \frac{1}{2}(h - z_0)(\gamma h K_a - 2c\sqrt{K_a}) \tag{6-10}$$

或

$$E_a = \frac{1}{2}\gamma (h - z_0)^2 K_a \tag{6-11}$$

主动土压力 E_a 通过三角形 abc 的形心，即作用于距墙底 $(h - z_0)/3$ 处。

6.3.3　被动土压力

当墙后土体处于被动极限平衡状态时，作用于任意深度 z 处土单元体上的大主应力 $\sigma_1 = \sigma_p$（σ_p 为作用于墙背上的被动土压力强度），小主应力 $\sigma_3 = \gamma z$。将 $\sigma_1 = \sigma_p$，$\sigma_3 = \gamma z$ 代入式（6-4），令 $K_p = \tan^2\left(45° + \frac{\varphi}{2}\right)$，则有

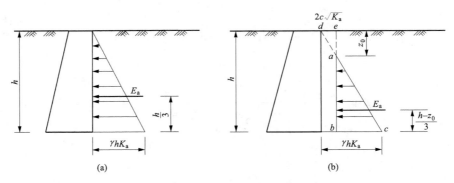

图 6-6 主动土压力强度分布图

(a) 无黏性土；(b) 黏性土

$$\sigma_p = \gamma z K_p + 2c \sqrt{K_p} \qquad (6\text{-}12)$$

对于无黏性土，由于 $c = 0$，则有

$$\sigma_p = \gamma z K_p \qquad (6\text{-}13)$$

式中：K_p 为朗肯被动土压力系数，$K_p = \tan^2 \left(45° + \dfrac{\varphi}{2} \right)$；$\sigma_p$ 为沿墙高分布的被动土压力强度，kPa。

由式（6-12）和式（6-13）可知，无黏性土的被动土压力强度呈三角形分布；而黏性土的被动土压力强度呈梯形分布。如取单位墙长计算，则被动土压力为分布图形的面积，即

无黏性土 $$E_p = \frac{1}{2} \gamma h^2 K_p \qquad (6\text{-}14)$$

黏性土 $$E_p = \frac{1}{2} \gamma h^2 K_p + 2ch \sqrt{K_p} \qquad (6\text{-}15)$$

被动土压力 E_p 的作用方向垂直于墙背，作用点位于三角形或梯形分布图的形心，如图 6-7 所示。黏性土的被动土压力合力作用点到墙底距离可由下式计算

$$h_p = \frac{h}{3} \frac{2\sigma_{p0} + \sigma_{ph}}{\sigma_{p0} + \sigma_{ph}} \qquad (6\text{-}16)$$

式中：h_p 为黏性土产生的被动土压力合力与墙底距离，m；σ_{p0}、σ_{ph} 分别为作用于墙背顶、底面的被动土压力强度，kPa，$\sigma_{p0} = 2c \sqrt{K_p}$，$\sigma_{ph} = \gamma h K_p + 2c \sqrt{K_p}$。

6.3.4 几种常见的土压力计算

以下介绍几种常见情况下的土压力计算方法。

1. 填土表面有均布荷载

当挡土墙后填土表面有连续均布荷载作用时，土压力的计算方法是将均布荷载换算成当量的土重，填土面有均布荷载的土压力计算图如图 6-8 所示。当填土面水平时，当量的土层厚度为 $h' = q / \gamma$，这时 z 处的竖向应力为 $\gamma z + q$。则作用在 z 处的主动土压力和被动土压力强度为

无黏性土 $$\sigma_a = (\gamma z + q) K_a$$
$$\sigma_p = (\gamma z + q) K_p$$

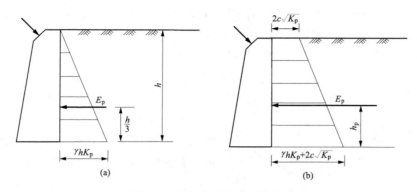

图 6-7　被动土压力强度分布图

(a) 无黏性土；(b) 黏性土

黏性土

$$\sigma_a = (\gamma z + q)K_a - 2c\sqrt{K_a}$$

$$\sigma_p = (\gamma z + q)K_p + 2c\sqrt{K_p}$$

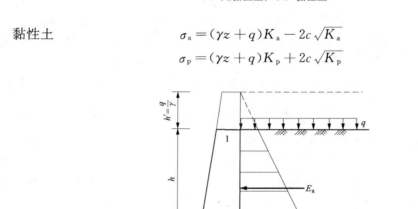

图 6-8　填土面有均布荷载的土压力计算图

2. 成层填土

当墙后填土有几种不同种类的水平土层时，若求某层离填土面深为 z 处的土压力强度，则需先求出该处的竖向自重应力，然后乘以该层土的土压力系数即可。对于无黏性土，以主动土压力为例，其成层土的主动土压力强度分布如图 6-9 所示。

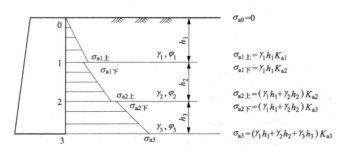

图 6-9　成层填土的土压力计算

需要指出的是，由于各层土的性质不同，主动土压力系数 K_a 也不同，因此在土层的分界面上，主动土压力强度可能出现两个数值。

当第 i 层土为黏性土时，其主动和被动土压力强度计算公式为

$$\sigma_{ai} = (\gamma_1 h_1 + \gamma_2 h_2 + \cdots + \gamma_i h_i)K_{ai} - 2c_i\sqrt{K_{ai}}$$

$$\sigma_{pi} = (\gamma_1 h_1 + \gamma_2 h_2 + \cdots + \gamma_i h_i)K_{pi} + 2c_i\sqrt{K_{pi}}$$

3. 墙后填土有地下水

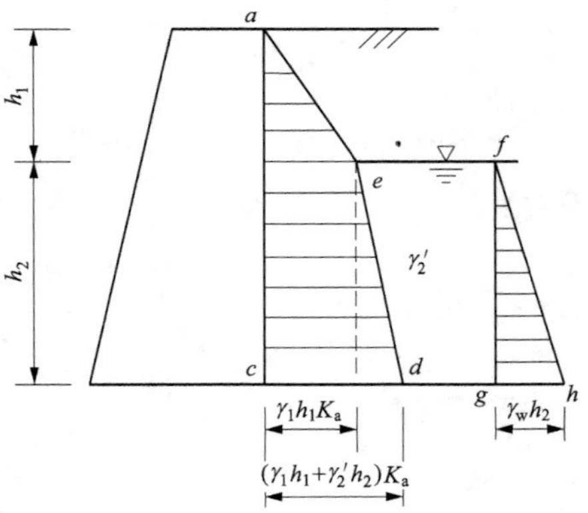

挡土墙后的填土部分或全部处于地下水位以下。地下水的存在将使土的含水率增加，抗剪强度降低，从而使土压力增大，同时还会产生静水压力的作用，因此挡土墙应该有良好的排水措施。当墙后填土有地下水时，作用在墙背上的侧压力有土压力和水压力两部分，计算土压力时，假设水位上下土的内摩擦角、黏聚力都相同，水位以下按有效重度进行计算。如图 6-10 所示的挡土墙为例，若墙后填土为无黏性土，地下水位在填土面下 h_1 处，作用在墙背上的水压力为 $E_w = \dfrac{1}{2}\gamma_w h_2^2$，其中 γ_w 为水的重度，h_2 为水位以下的墙高。作用在挡土墙上的总压力为主动土压力 E_a 与水压力 E_w 之和。

图 6-10　填土中有地下水的土压力计算

【例 6-2】 有一挡土墙高 6m，墙背竖直、光滑，墙后填土面水平，填土的物理力学指标为 $c = 15$kPa，$\varphi = 15°$，$\gamma = 18$kN/m³。求主动土压力并绘出主动土压力分布图。

解 （1）计算主动土压力系数

$$K_a = \tan^2\left(45° - \frac{\varphi}{2}\right) = \tan^2\left(45° - \frac{15°}{2}\right) = 0.59, \sqrt{K_a} = 0.77$$

（2）计算主动土压力

$$z = 0\text{m}, \sigma_{a1} = \gamma z K_a - 2c\sqrt{K_a} = 18 \times 0 \times 0.59 - 2 \times 15 \times 0.77 = -23.1\text{(kPa)}$$

$$z = 6\text{m}, \sigma_{a2} = \gamma z K_a - 2c\sqrt{K_a} = 18 \times 6 \times 0.59 - 2 \times 15 \times 0.77 = 40.6\text{(kPa)}$$

（3）计算临界深度 z_0

$$z_0 = \frac{2c}{\gamma\sqrt{K_a}} = \frac{2 \times 15}{18 \times 0.77} = 2.16\text{(m)}$$

（4）计算总主动土压力 E_a

$$E_a = \frac{1}{2} \times 40.6 \times (6 - 2.16) = 78\text{(kN/m)}$$

E_a 的作用方向水平，作用点距墙底距离为 $\dfrac{6 - 2.16}{3} = 1.28\text{(m)}$。

（5）主动土压力分布如图 6-11 所示。

【例 6-3】 已知某挡土墙高 6m，墙背竖直、光滑、墙后填土面水平。填土为粗砂，重度 $\gamma = 19.0$kN/m³，内摩擦角 $\varphi = 32°$，在填土表面作用均布荷载 $q = 18.0$kPa。计算作用在挡土墙上的主动土压力。

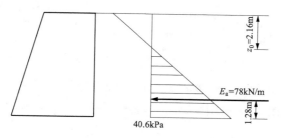

图 6-11　［例 6-2］图

解　（1）计算主动土压力系数

$$K_a = \tan^2\left(45° - \frac{32°}{2}\right) = 0.307$$

（2）计算主动土压力

$$z = 0\text{m}, \quad \sigma_{a1} = (\gamma z + q)K_a = (19 \times 0 + 18) \times 0.307 = 5.53(\text{kPa})$$

$$z = 6\text{m}, \quad \sigma_{a2} = (\gamma z + q)K_a = (19 \times 6 + 18) \times 0.307 = 40.52(\text{kPa})$$

（3）计算总主动土压力

$$E_a = 5.53 \times 6 + \frac{1}{2}(40.52 - 5.53) \times 6 = 33.18 + 104.97 = 138.15(\text{kN/m})$$

E_a 作用方向水平，作用点距墙底为 z，则

$$z = \frac{1}{138.15}\left(33.18 \times \frac{6}{2} + 104.97 \times \frac{6}{3}\right) = 2.24(\text{m})$$

主动土压力强度分布如图 6-12 所示。

【例 6-4】　试计算如图 6-13 所示挡土墙上的主动土压力、水压力及其合力。

解　（1）计算主动土压力系数

$$K_{a1} = \tan^2\left(45° - \frac{30°}{2}\right) = 0.333$$

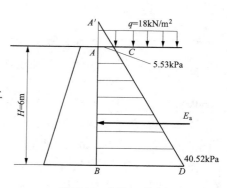

图 6-12　［例 6-3］图

（2）计算地下水位以上土层的主动土压力：

顶面　$\sigma_{a0} = \gamma_1 z K_{a1} = 18 \times 0 \times 0.333 = 0$

地下水位面以上　$\sigma_{a1} = \gamma_1 z K_{a1} = 18 \times 6 \times 0.333 = 36.0(\text{kPa})$

（3）计算地下水位以下土层的主动土压力及水压力。

主动土压力：

地下水位顶面　$\sigma_{a1} = (\gamma_1 z_1 + \gamma_2 z)K_{a2} = (18 \times 6 + 9 \times 0) \times 0.333 = 36.0(\text{kPa})$

地下水位底面　$\sigma_{a2} = (\gamma_1 h_1 + \gamma_2 z)K_{a2} = (18 \times 6 + 9 \times 4) \times 0.333 = 48.0(\text{kPa})$

水压力：顶面　$\sigma_{w1} = \gamma_w z = 9.8 \times 0 = 0(\text{kPa})$

底面　$\sigma_{w2} = \gamma_w z = 9.8 \times 4 = 39.2(\text{kPa})$

（4）计算总主动土压力和总水压力

$$E_a = \frac{1}{2} \times 36 \times 6 + 36 \times 4 + \frac{1}{2} \times (48 - 36) \times 4 = 108 + 144 + 24 = 276(\text{kN/m})$$

E_a 作用方向水平，作用点距墙基为 z，则

$$z = \frac{1}{276}\left[108 \times \left(4 + \frac{6}{3}\right) + 144 \times \frac{4}{2} + 24 \times \frac{4}{3}\right] = 3.51(\mathrm{m})$$

$$\sigma_{\mathrm{w}} = \frac{1}{2} \times 39.2 \times 4 = 78.4(\mathrm{kN/m})$$

σ_{w} 作用方向水平，作用点距墙基 $4/3 = 1.33$ （m）。

（5）挡土墙上主动土压力及水压力如图 6-13 所示。

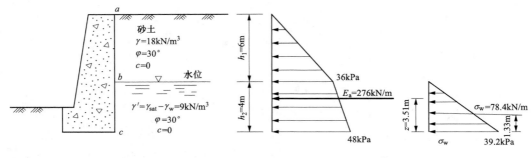

图 6-13 ［例 6-4］图

6.4 库仑土压力理论

库仑土压力理论是由法国学者库仑提出的。它是根据墙后土体处于极限平衡状态并形成一滑动土楔体，按照土楔体的静力平衡条件得出的土压力计算理论。

6.4.1 基本原理

库仑研究了回填土为砂土的挡土墙上的土压力，把挡土墙后的土体看成是夹在两个滑动面（一个面是墙背，另一个面是在土中，如图 6-14 所示的 AB 和 BC 面）之间的土楔。根据土楔的静力平衡条件，可求出挡土墙对滑动土楔的支撑反力，从而得到作用于墙背的总土压力。这种计算方法又称为滑动土楔平衡法。应用库仑土压力理论时，需要试算不同的滑动面，只有最危险滑动面 AB 对应的土压力才是土楔作用于墙背的 σ_{a} 或 σ_{p}。

库仑土压力理论的基本假设为：

（1）墙后填土为均匀的无黏性土（$c = 0$）。

（2）滑动楔体为刚体，即本身无变形。

（3）挡土墙产生主动或被动土压力时，墙后土体形成滑动土楔，其滑动破裂面为通过墙踵 BC（见图 6-14）的平面。

6.4.2 主动土压力的计算

如图 6-14 所示，设墙背与垂直线的夹角为 α，填土表面倾角为 β，墙高为 h，填土与墙背之间的摩擦角为 δ，土的内摩擦角为 φ，土的黏聚力 $c = 0$，假定滑动面 BC 通过墙踵。滑裂面与水平面的夹角为 θ，取滑动土楔 ABC 作为隔离体进行受力分析，如图 6-14（b）所示。作用于土楔 ABC 上的力有：

（1）土楔 ABC 自重，由几何关系可计算土楔自重，方向向下

$$G = \gamma \triangle ABC = \frac{1}{2}\gamma \overline{BC} \cdot \overline{AD} = \frac{1}{2}\gamma h^2 \frac{\cos(\alpha - \beta)\cos(\theta - \alpha)}{\cos^2\alpha\sin(\theta - \beta)} \tag{6-17}$$

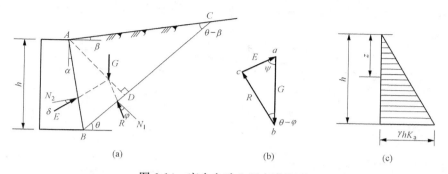

图 6-14　库仑主动土压力计算图

(a) 土楔体 ABC 上的作用力；(b) 力矢三角形；(c) 主动土压力分布图

（2）破裂滑动面 BC 上的反力 R，大小未知，作用方向与 BC 面的法线的夹角等于土的内摩擦角 φ，在法线的下侧。

（3）墙背 AB 对土楔体的反力 E（挡土墙土压力的反力），该力大小未知，作用方向与墙面 AB 的法线的夹角 δ，在法线的下侧。

土楔体 ABC 在以上三个力的作用下处于极限平衡状态，则由该三力构成的力的矢量三角形必然闭合。已知 G 的大小和方向，以及 R、E 的方向，可给出如图 6-14（b）所示的力三角形。由正弦定理，可得

$$\frac{E}{\sin(\theta-\varphi)}=\frac{G}{\sin(\theta-\varphi+\psi)} \tag{6-18}$$

根据式（6-17）和式（6-18），可得

$$E=\frac{1}{2}\gamma h^2\frac{\cos(\alpha-\beta)\cos(\theta-\alpha)\sin(\theta-\varphi)}{\cos^2\alpha\sin(\theta-\beta)\sin(\theta-\varphi+\psi)} \tag{6-19}$$

由于滑裂面 BC 是任意假定的，给出不同的滑裂面可以得到一系列相应的土压力 E 值。因此式（6-19）的 E 值不是确定的，在 γ、h、θ、φ、α、β 和 δ 已知的条件下，E 是 θ 的函数。当 $\theta=90°+\alpha$ 时，滑裂面即为墙背面，显然 $E=0$；当 $\theta=\varphi$ 时，R 与 G 相等；当 θ 在两者之间时，E 有一个最大值，此值即为主动土压力，相应的滑裂面为最危险滑裂面。令 $\dfrac{\mathrm{d}E}{\mathrm{d}\theta}=0$，从而求解出 θ_{cr}，这就是出现主动极限平衡状态时的滑裂面的倾角。将 θ_{cr} 代入式（6-19），可得库仑主动土压力的一般表达式，即

$$E_a=\frac{1}{2}\gamma h^2\frac{\cos^2(\varphi-\alpha)}{\cos^2\alpha\cos(\alpha+\delta)\left[1+\sqrt{\dfrac{\sin(\varphi+\delta)\sin(\varphi-\beta)}{\cos(\alpha+\delta)\cos(\alpha-\beta)}}\right]^2} \tag{6-20}$$

令

$$K_a=\frac{\cos^2(\varphi-\alpha)}{\cos^2\alpha\cos(\alpha+\delta)\left[1+\sqrt{\dfrac{\sin(\varphi+\delta)\sin(\varphi-\beta)}{\cos(\alpha+\delta)\cos(\alpha-\beta)}}\right]^2}$$

则有

$$E_a=\frac{1}{2}\gamma h^2 K_a$$

式中：K_a 为库仑主动土压力系数；h 为挡土墙高度，m；γ 为墙后填土的重度，kN/m^3；φ 为墙后填土的内摩擦角，°；α 为墙背的倾斜角，°。以垂直线为准，顺时针为负，逆时针

为正；β 为墙后填土面的倾角，°；δ 为土对挡土墙背的摩擦角，也叫外摩擦角，可查表 6-2 确定。

表 6-2   土对挡土墙墙背的摩擦角

挡土墙情况	摩擦角 δ
墙背平滑、排水不良	$(0 \sim 0.33)\varphi_k$
墙背粗糙、排水良好	$(0.33 \sim 0.5)\varphi_k$
墙背很粗糙、排水良好	$(0.5 \sim 0.67)\varphi_k$
墙背与填土间不能滑动	$(0.67 \sim 1.0)\varphi_k$

当墙背垂直（$\alpha = 0$）、光滑（$\delta = 0$），填土面水平（$\beta = 0$）时，式（6-20）变为

$$E_a = \frac{1}{2}\gamma h^2 \tan^2\left(45° - \frac{\varphi}{2}\right) \tag{6-21}$$

可见，在上述条件下，库仑公式与朗肯公式相同。

6.4.3 被动土压力的计算

分析方法类似于库仑主动土压力，不同之处在于 E、R 的作用方向都在法线的上侧，如图 6-15 所示。同样可求得总被动土压力

$$E_p = \frac{1}{2}\gamma h^2 \frac{\cos^2(\varphi + \alpha)}{\cos^2\alpha \cos(\alpha - \delta)\left[1 - \sqrt{\dfrac{\sin(\varphi + \delta)\sin((\varphi + \beta)}{\cos(\alpha - \delta)\cos(\alpha - \beta)}}\right]^2} \tag{6-22}$$

令

$$K_p = \frac{\cos^2(\varphi + \alpha)}{\cos^2\alpha \cos(\alpha - \delta)\left[1 - \sqrt{\dfrac{\sin(\varphi + \delta)\sin(\varphi + \beta)}{\cos(\alpha - \delta)\cos(\alpha - \beta)}}\right]^2}$$

则有

$$E_p = \frac{1}{2}\gamma h^2 K_p$$

式中：K_p 为被动土压力强度。

可见，被动土压力强度沿墙高呈三角形分布。被动土压力的作用点在距离墙底 $h/3$ 处，其方向与墙背法线成 δ 角。

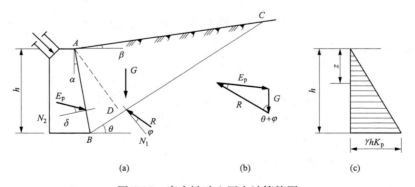

图 6-15   库仑被动土压力计算简图

（a）土楔体 ABC 上的作用力；（b）力矢三角形；（c）被动土压力分布图

6.4.4 两种经典土压力理论的对比

朗肯土压力理论和库仑土压力理论分别建立在不同的假设条件下，用不同的分析方法计算土压力，只有在最简单的情况下（即 $\alpha=0$，$\delta=0$ 和 $\beta=0$ 时），采用这两种理论的计算结果才相同，否则将得到不同的结果。

朗肯土压力理论是根据半空间的应力状态和土的极限平衡条件而得出的土压力计算方法。朗肯土压力理论概念明确，计算简单，使用方便。但为了使墙后土体应力状态符合空间应力状态，假设墙背竖直、光滑、墙后填土面水平，因此使用范围受到限制。由于忽略了墙背与填土之间的摩擦，计算出的主动土压力偏大，被动土压力偏小。

库仑土压力是根据挡土墙后的土体处于极限平衡状态并形成一滑动楔体时，从楔体的静力平衡条件得出的土压力计算理论。但由于该理论假设填土是无黏性土，因此不能用库仑理论直接计算黏性土的土压力。该理论考虑了墙背与土之间的摩擦力，并可用于墙背倾斜，填土面倾斜的情况。库仑理论假设墙后填土破坏时，破裂面是一平面，但实际情况却是一曲面，故采用库仑理论的计算结果与按滑动面为曲面的计算结果有出入。

6.5 挡土墙结构

6.5.1 挡土墙的类型

1. 重力式挡土墙

重力式挡土墙主要靠自身重量来保持土侧向压力下的稳定性。它们的体积和重量都比较大，通常由块石或素混凝土砌筑而成，一般不配筋或只在局部范围内配以少量钢筋，如图6-16（a）所示。在软基上使用往往受地基承载力的限制不能做得太高。在岩基上虽不受地基承载力的限制，但做得太高耗费材料，也不经济，故一般在高度不大的挡土墙上采用。其优点是可就地取材，结构简单，施工方便，经济性好。重力式挡土墙根据其墙背的坡度可分为仰斜、垂直和俯斜三种形式，适用于高度小于 6m，地层稳定，开挖土石方时不会危及相邻建筑物安全的地段。由于墙体抗拉强度较小，作用于墙背的土压力所引起的倾覆力矩全靠墙身自重产生的抗倾覆力矩来平衡，因此墙身必须做成厚而重的实体才能保证其稳定。

在架空送电线路中，在位于较为陡峭的山坡的基础使用重力式挡土墙，可起到减少基础主柱高度与保护土坡稳定的双重效果，是经济合理的选择。

2. 悬臂式挡土墙

悬臂式挡土墙如图6-16（b）所示，一般用钢筋混凝土建造，拉应力由钢筋承受，墙高一般小于或等于8m。由三个悬臂板组成，即立壁、墙趾悬臂和墙踵悬臂。墙的稳定性主要靠墙踵底板上的土重，而墙体内的拉应力则由钢筋承担。悬臂式挡土墙的特点是体积小、工程量小、利用墙后基础上方的土重保持稳定性。

3. 扶壁式挡土墙

扶壁式挡土墙如图6-16（c）所示，其特点是为增强悬臂式挡土墙的抗弯性能，沿长度方向每隔 $(0.8\sim1.0)h$ 做一扶壁。由钢筋混凝土砌筑，扶壁间填土可增强挡土墙的抗滑和抗倾覆能力，一般用于重大的大型工程。

6.5.2 挡土墙的计算

主要介绍重力式挡土墙的设计与计算。对其他挡土墙，计算内容、计算原则和安全系数

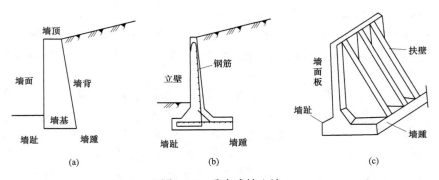

图 6-16　重力式挡土墙

（a）重力式挡土墙；（b）悬臂式挡土墙；（c）扶壁式挡土墙

可以借用，但荷载计算有所不同。至于墙体结构，则按各自的结构形式和材料遵照相应的规范进行计算。

1. 挡土墙截面尺寸设计

挡土墙的截面尺寸一般按试算法确定，先根据挡土墙所处条件（工程地质条件、填土性质、荷载情况以及墙身材料和施工条件等）凭经验初步拟定截面尺寸，然后进行验算。如不满足要求，则应修改截面尺寸，或采取其他措施。挡土墙截面尺寸一般包括以下几项。

（1）挡土墙高度 h。挡土墙高度一般由任务要求确定，有时对长度很大的挡土墙，也可使墙顶低于填土顶面，而用斜坡连接，以节省工程量。

（2）挡土墙的顶宽和底宽。挡土墙墙顶宽度，一般块石挡土墙不应小于 400mm，混凝土挡土墙不应小于 200mm。底宽由整体稳定性确定，一般为 0.5～0.7 倍的墙高。

2. 挡土墙的稳定性验算

重力式挡土墙的计算内容包括抗滑移和抗倾覆稳定性验算、墙身强度验算、地基承载力验算等。

6.5.3　重力式挡土墙的构造措施

在设计重力式挡土墙时，为了保证其构造安全合理、经济，除进行强度验算外，还必须合理地选择墙型并采取必要的构造措施。

1. 基础埋深

重力式挡土墙的基础埋深应根据地基承载力、冻结深度、水流冲刷、岩石风化程度等因素决定。在土质地基中，基础埋深不宜小于 0.5m；在软质岩石地基中，不宜小于 0.3m。在特强冻胀、强冻胀地区应考虑冻胀影响。

2. 墙背的倾斜形式

当采用相同的计算指标和计算方法时，挡土墙背以仰斜时主动土压力最小，直立居中，俯斜最大。具体选择哪一种形式，应根据使用要求、地形和施工条件等因素综合考虑确定。通常优先采用仰斜挡土墙。

3. 墙面坡度选择

当墙前地面陡时，墙面可取 1：0.05～1：0.2 仰斜坡度，亦采用直立载面。当墙前地形较为平坦时，对中、高挡土墙，墙面坡度可较缓，但不宜缓于 1：0.4。为了避免施工困难，仰斜墙背坡度一般不宜缓于 1：0.25，墙面坡应尽量与墙背平行。

4. 基底坡度

为增加挡土墙身的抗滑稳定性，基底可做成逆坡，但逆坡坡度不宜过大，以免墙身与基底下的三角形土体一起滑动。一般土质地基不宜大于 $1:10$，岩石地基不宜大于 $1:5$。

5. 墙趾台阶

当墙高较大时，为了提高挡土墙抗倾覆能力，可加设墙趾台阶，墙趾台阶的高宽比可取 $h:a＝2:1$，a 不得小于 20cm，如图 6-17 所示。

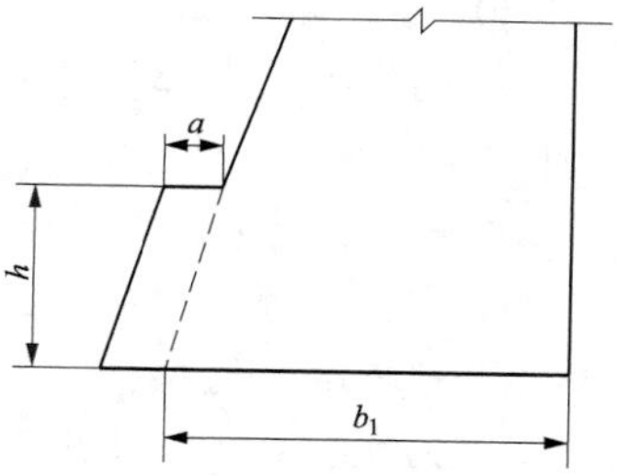

6. 设置伸缩缝

重力式挡土墙应每间隔 $10\sim20m$ 设置一道伸缩缝。当地基有变化时，宜加设沉降缝。在挡土结构的拐角处，应采取加强构造措施。

7. 墙后排水措施

挡土墙因排水不良，雨水渗入墙后填土，使得填土的抗剪强度降低，对产生挡土墙的稳定不利的影响。当墙后积水时，还会产生静水压力和渗流压力，使作用于挡土墙上的总压力增加，对挡土墙的稳定性更不利。因此在挡土墙设计时，必须采取排水措施。

（1）截水沟：凡挡土墙后有较大面积的山坡，则应在填土顶面，离挡土墙适当的距离设置截水沟，把坡上径流截断排除。截水沟的剖面尺寸要根据暴雨集水面积计算确定，并应用混凝土衬砌。截水沟出口应远离挡土墙，如图 6-18（a）所示。

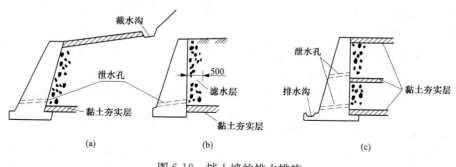

图 6-18　挡土墙的排水措施

（a）方案一；（b）方案二；（c）方案三

（2）泄水孔：已渗入墙后填土中的水，应将其迅速排出。通常在挡土墙设置排水孔，排水孔应沿横竖两个方向设置，其间距一般取 $2\sim3m$，排水孔外斜坡度宜为 5%。泄水孔应高于墙前水位，以免倒灌，如图 6-18（b）所示。在泄水孔入口处，应用易渗的粗粒材料做滤水层，必要时作排水暗沟，并在泄水孔入口下方铺设黏土夯实层，防止积水渗入地基不利墙体的稳定。墙前也要设置排水沟，在墙顶坡后地面宜铺设防水层，如图 6-18（c）所示。

8. 填土质量要求

墙后填土尽量选择透水性强的填料，如砂土、碎石等。当采用黏性土作填料时，应掺入适当的碎石。在季节性冻土地区，应选择炉渣、碎石、粗砂等非冻结填料。不应采用淤泥、耕植土、膨胀土等作为填料，填土中亦不应掺杂有大的冻结土块、木块或其他杂物。

图 6-17　墙趾台阶尺寸

$h:a=2:1$
$a\geqslant20cm$

6.6　土坡稳定性

6.6.1　土坡失稳的影响因素

土坡的失稳受内部和外部因素制约，当超过土体平衡条件时，土坡将会发生失稳现象。

1. 内部因素

（1）斜坡的土质：各种土质的抗剪强度、抗水能力是不同的，如钙质或石膏质胶结的土、湿陷性黄土等，遇水后软化，使原来的强度降低。

（2）斜坡的土层结构：如在斜坡上堆有较厚的土层，特别是当下伏土层（或岩层）不透水时，容易在交界上发生滑动。

（3）斜坡的外形：突肚形的斜坡由于重力作用，比上陡下缓的凹形坡易于下滑；由于黏性土有黏聚力，当土坡不高时尚可直立，但随时间和气候的变化，也会逐渐塌落。

2. 外部因素

（1）降水或地下水的作用：持续的降雨或地下水渗入土层中，使土中含水率增高，土中易溶盐溶解，土质变软，强度降低；还可使土的重度增加，并产生孔隙水压力，使土体作用有动、静水压力，导致土体失稳，故设计斜坡应采用相应的排水措施。

（2）振动的作用：在地震的作用下，砂土极易发生液化；黏性土振动时易使土的结构破坏，从而降低土的抗剪强度；施工打桩或爆破，由于振动也可使邻近土坡变形或失稳等。

（3）人为因素影响：由于人类不合理的开挖，特别是开挖坡脚，或开挖基坑、沟渠、道路土坡时将弃土堆在坡顶附近；或在斜坡上建房或堆放重物都可引起斜坡变形破坏。

6.6.2　土坡稳定的设计原则

（1）对土坡工程的设计与处理，必须进行详细的工程地质勘察，对土坡的稳定性做出准确的评价，并对周围环境的危害性做出预测。

（2）建筑物的布局应依山就势，防止大挖大填。场地平整时，应采取合理的施工顺序和工作方法，避免滑坡、崩塌等不良地质现象的发生，确保周边建筑物的安全。由于平整场地而出现的新土坡，应及时进行支护或构造防护。

（3）土坡设计应注意土坡环境的保护与整治，土坡水系应因势利导，保护排水畅通。对于稳定的土坡，应采取必要的防护措施，防止土坡环境变化造成的土坡失稳。

6.6.3　无黏性土土坡的稳定性分析

如图 6-19 所示为一均质无黏性土坡，坡角为 β，现从坡面任取一小块土体，并将其看作是刚体来分析其稳定条件。设土块的重力为 G，它在坡面方向的分力是下滑力 $T = G\sin\beta$，在坡面法线方向的分力 $N = G\cos\beta$；阻止该土块下滑的力是小块土体与坡面间的摩擦力 $T_f = N\tan\varphi$，其中 φ 为土的内摩擦角。

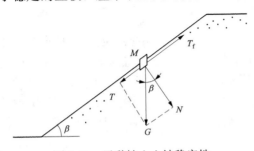

图 6-19　无黏性土土坡稳定性

在稳定状态时，阻止土块滑动的抗滑力必须大于土块的滑动力。故用抗滑力与滑动力之比作为评价土坡稳定的安全度。这个比值称为土坡稳定的安全系数 K，即

$$K = \frac{T_f}{T} = \frac{G\cos\beta\tan\varphi}{G\sin\beta} = \frac{\tan\varphi}{\tan\beta} \tag{6-23}$$

为了保证土坡稳定，必须使安全系数 K 大于 1，一般取 $1.1\sim1.5$。

对于均质无黏性土坡，只要坡角 β 小于土的内摩擦角 φ，无论坡高为多少，土坡材料的重力如何，土坡总是稳定的。当 $K=1$ 时，土坡处于极限平衡状态。此时土坡的极限坡角 β 按式（6-23）就等于无黏性土的内摩擦角 φ，常称为静止角或休止角。

6.6.4　黏性土坡的稳定性分析

黏性土坡稳定性分析的方法有多种，目前最常用的是条分法。条分法首先由瑞典工程师费兰纽斯提出的，这个方法具有普遍性，它不仅可以分析简单土坡，还可以分析复杂土坡，例如不同土质的、坡上和坡顶作用有荷载的土坡等。

当按滑动土体这一整体力矩平衡条件计算时，由于滑面上各点的斜率都不同，自重等外荷载对弧面上的法向和切向作用力不便按整体计算，因而整个滑动弧面上反力分布不清楚。另外，对于 $\varphi>0$ 的黏性土坡，特别是土坡为多层土层构成时，求 G 的大小和重心位置就比较麻烦。故在土坡稳定分析中，为便于计算土体的重量，并使计算的抗剪强度更加准确，常将滑动土体分成若干竖直土条，求各土条对滑动圆心的抗滑力矩和滑动力矩，各取其总和，计算安全系数，这就是条分法的基本原理。

思 考 题

（扫一扫
查看参考答案）

1. 影响土压力大小的因素是什么？其中最主要的影响因素是什么？
2. 何谓静止土压力？静止土压力的计算公式和应用范围是什么？
3. 试阐述主动、静止和被动土压力产生的条件，并比较三者的大小？
4. 试简述朗肯土压力理论与库仑土压力理论的假设条件？各适用于什么范围？
5. 试简述黏性土的主动土压力强度和被动土压力强度有哪几种分布形式，以及作用点分别在什么位置？
6. 常用的挡土墙主要有哪些类型？常应用于什么场合？
7. 试简述重力式挡土墙采取哪些构造措施？
8. 土坡滑动失稳的原因主要有哪些？举例说明。

习 题

1. 某挡土墙高 4.2m，墙背竖直、光滑，填土表面水平，填土的各物理指标分别为 $\gamma = 18.5 \ \mathrm{kN/m^3}$，$c=8\mathrm{kPa}$，$\varphi=24°$，试求：

（1）此时的主动土压力 E_a 及作用点位置，并绘出 σ_a 分布图。

（2）当地表作用有 20kPa 均布荷载时，求主动土压力 E_a 及作用点位置，并绘出 σ_a 分布图。［答案：（1）22.14kN/m，0.89m；（2）81.57kN/m，1.64m］

2. 某挡土墙高 5m，墙背竖直、光滑，墙后填土为砂土，填土表面水平，$\varphi=30°$，地下水位距填土表面 2m，地下水以上填土重度 $\gamma = 18 \ \mathrm{kN/m^3}$，地下水以下的饱和重度 $\gamma_{sat} = 21\mathrm{kN/m^3}$。试绘出主动土压力强度和水压力分布图，并求总侧压力的大小。（答案：

90.3kN/m)

3. 某挡土墙高 4m，填土倾向角 $\beta=10°$，填土的重度 $\gamma=20\,kN/m^3$，$c=0$，$\varphi=30°$，填土与墙背的摩擦角 $\delta=10°$，试用库仑土压力理论分别计算墙背倾斜角 $\alpha=10°$ 和 $\alpha=-10°$ 时的主动土压力，并求作用点的位置和方向。（答案：70.4kN/m，1.33m；57.6kN/m，1.33m）

4. 已知某挡土墙高 8m，墙背竖直、光滑，墙后填土面水平，墙后填土分为两层（见图 6-20），第一层为黏性土：重度 $\gamma_1=18.4\,kN/m^3$，黏聚力 $c_1=18kPa$，内摩擦角 $\varphi_1=20°$，土层厚 $H_1=4m$；第二层为砂土：重度 $\gamma_2=18\,kN/m^3$，黏聚力 $c_2=0$，内摩擦角 $\varphi_2=35°$，土层厚 $H_2=4m$。试分别计算该挡土墙后朗肯主动土压力和被动土压力的分布、土压力及其作用点的位置。（答案：124.88kN/m；19.2m；2123.6kN/m；2.69m）

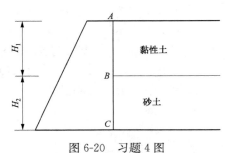

图 6-20 习题 4 图

5. 已知某挡土墙高 4m，墙背竖直光滑，墙后填土共有两层。各层物理力学性质指标如图 6-21 所示，地下水位距地面以下 2m。若墙后填土水平并作用有均布荷载 $q=20kN/m^2$，试求主动土压力 E_a 及作用点的位置，并绘出主动土压力强度分布图。（答案：90.45kN/m）

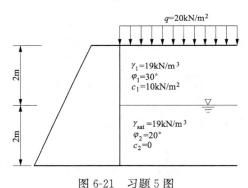

图 6-21 习题 5 图

第7章　架空输电线路杆塔基础设计

7.1　概　　述

输电线路杆塔基础分为电杆基础和铁塔基础，其形式应根据杆塔类型、沿线地形地貌、工程地质、水文以及施工、运输等条件综合考虑确定。钢筋混凝土电杆直接将电杆腿埋入地下，依靠底盘支撑电杆不下沉、卡盘支撑电杆不倾覆；铁塔则借助混凝土基础及地脚螺栓来固定，保证铁塔不上拔、不下沉。

7.1.1　基础分类

1. 按照基础抵抗力分类

（1）上拔、下压类基础。此类基础主要承受上拔力或下压力，同时承受较小水平力。属于此类基础的有带拉线的杆塔基础、分开式铁塔基础和门型杆塔基础等，如图7-1所示。

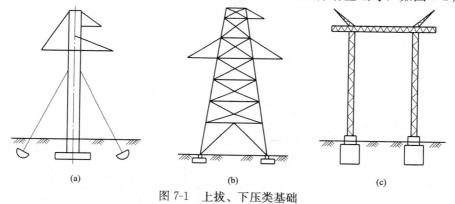

图7-1　上拔、下压类基础

（a）拉线杆塔基础；（b）分开式铁塔基础；（c）门型杆塔基础

（2）倾覆类基础。此类基础主要承受倾覆力矩，包括无拉线电杆基础、窄基铁塔基础和宽基铁塔联合基础，如图7-2所示。

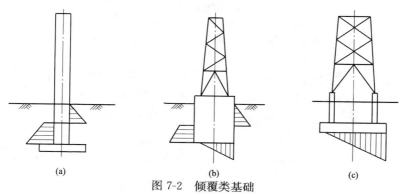

图7-2　倾覆类基础

（a）电杆基础；（b）窄基铁塔基础；（c）宽基铁塔联合基础

2. 按施工特点及制作类型分类

(1) 装配式基础。此类基础是将其结构分解成若干构件，如混凝土构件、金属构件或混合构件。这些构件在工厂预制好后，运至施工现场就地组装构成基础。装配式基础设计和应用必须因地制宜地做好基础类型的选择，一般用在缺水或砂石采集困难的地区，考虑到单个运输构件的最大重量和最大尺寸，设计前需做综合经济比较。装配式基础的类型较多，主要有混凝土预制构件基础、金属预制构件基础等，如图 7-3 所示。

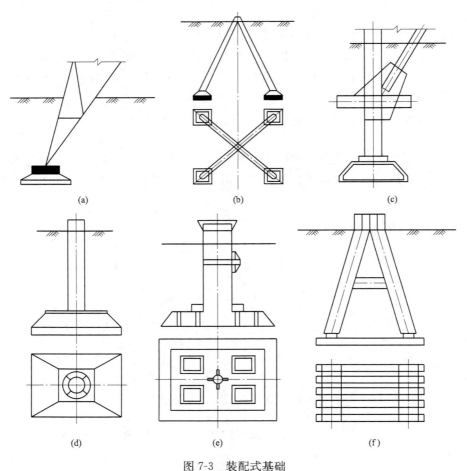

图 7-3　装配式基础

(a) 底脚直埋型；(b) 人字形；(c) 主材直插型；
(d) 直柱固结型；(e) 直柱绞结型；(f) 金属支架插型

由于装配式基础的构件都是预制件，从而克服了施工季节性的限制，可以大规模加工，具有明显的经济效益。此外，使用装配式基础还能够加快线路建设，缩短施工工期。但装配式基础也有其自身的缺点，比如，构件重搬运困难、金属构件耐腐蚀性差、需要采取相应的防护措施等。

(2) 现场浇筑基础。此类基础具有较强的抗上拔、下压能力，适用于施工条件较好的大强度基础，如图 7-4 所示。

(3) 桩基础。当地基软弱土层较厚时，采用常规基础不能满足地基变形、强度要求或采

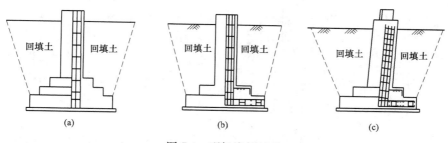

图 7-4　现场浇筑基础

（a）直柱混凝土台阶式基础；（b）直柱钢筋混凝土板式基础；（c）斜柱钢筋混凝土板式基础

用桩基础有明显优势时，可采用桩基础。桩基础可分为爆扩桩、岩石锚桩、钻孔灌注桩等。

爆扩桩基础是用炸药爆扩成型土胎，然后将混凝土和钢筋骨架灌注于爆扩成型的土胎内，如图 7-5 所示。它适用于可爆扩成型的硬塑和可塑状态的黏性土，在中密、实密的砂土以及碎石土中也可应用。由于其抗拔土体基本接近于无扰动的天然土，因此具有较好的抗拔性能，同时扩大端接触的持力层位于空间曲面，其下压承载力也比一般平面底板有所提高。在工程使用前要做成型试验，以确保爆扩成型尺寸和混凝土的浇筑质量。当单桩满足不了基础作用力要求时，拉线基础可采用双桩，铁塔基础可采用群桩。

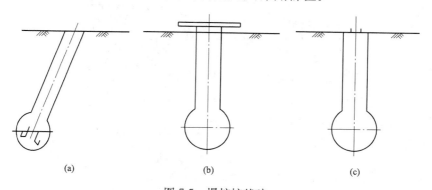

图 7-5　爆扩桩基础

（a）拉线基础；（b）电杆基础；（c）铁塔基础

岩石锚桩基础通常是指直接嵌固于基岩中的基础，主要用于强风化、中风化、微风化和未风化等地质条件，适用于山区岩石覆盖层较浅的塔位。如图 7-6 所示，给出了 4 种常见的岩石锚桩基础。直锚式锚桩以地脚螺栓作为锚筋直接锚入岩石，如图 7-6（a）所示；承台式锚桩通过钢筋混凝土承台将锚桩与地脚螺栓连接成整体，承台由钢筋混凝土现浇而成，如图 7-6（b）所示；嵌固式锚桩将地脚螺栓直接浇筑在坡度 1/6～1/8 的混凝土墩内，可直接掏挖，该类基础适用于强风化的岩石条件，如图 7-6（c）、（d）所示。岩石锚桩具有较好的抗拔性能，特别是上拔和下压基础的变形比其他类基础都小。这类基础由于充分发挥了岩石的力学性能，从而大大降低了基础材料的耗用量，特别是在运输困难的山区更具有明显的经济效益，但岩石地基的工程地质鉴定工作比较复杂。

灌注桩基础采用专用的机具钻（冲）成较深的孔，经清孔后放入钢筋骨架和水下浇筑混凝土形成的桩基础。按桩的结构布置，钻孔灌注桩基础可分为单桩和群桩。由小直径现场灌

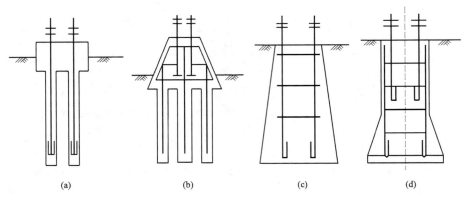

图 7-6　岩石锚桩基础

（a）直锚式锚桩；（b）承台式锚桩；（c）嵌固式锚桩Ⅰ；（d）嵌固式锚桩Ⅱ

注钢筋混凝土和连接于桩顶的承台共同组成的群桩基础称为微型桩基础，当布置直桩和斜桩成网状结构时，又称为树根桩。微型桩的常见基础形式如图 7-7 所示。

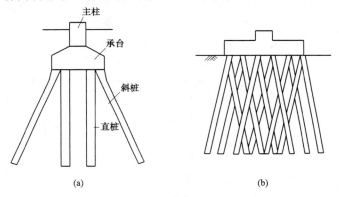

图 7-7　微型桩常见基础形式

（a）微型桩；（b）树根桩

　　按桩的承台位置或埋置特点，灌注桩基础可分为低单桩、高单桩、低桩承台、高桩承台和高桩框架等形式，如图 7-8 所示。这类基础适用于地下水位高，易产生流砂现象（如粉砂、细砂和软塑）或流塑状态的黏土地基。在洪水期间无漂浮物危害的跨江河地段的杆塔，宜采用低单桩和低桩承台的灌注桩基础。在洪水位高且有漂浮物危害的跨江河地段的杆塔，宜采用高单桩和高桩承台的灌注桩基础。

　　3. 按基坑开挖类型分类

　　（1）原状土基础。此类基础主要包括岩石基础（见图 7-6）、桩基础（见图 7-7 和图 7-8）、掏挖型基础（见图 7-9）和螺旋锚基础（见图 7-10）。掏挖扩底基础是指以混凝土和钢筋骨架灌注于以机械或人工掏挖成的土胎内的基础。它是以原状土构成的抗拔土体，主要适用于无地下水的土层，直立性较好的硬塑性、可塑性黏土及强风化岩石的地质条件。它能充分发挥原状土的特性，不仅具有良好的抗拔性能，而且具有较大的横向承载力。

　　螺旋锚基础是由钢筋混凝土承台或钢结构连接装置与螺旋锚组成的杆塔基础，主要适用于河网、泥沼、沿海滩涂等软弱土壤条件的地区，可采取人工钻进、机械钻进等施工方法。

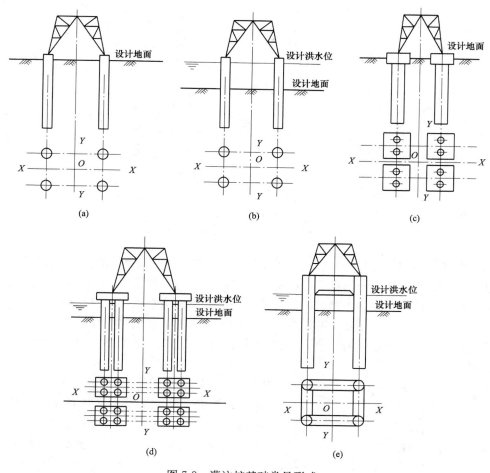

图 7-8　灌注桩基础常见形式

（a）低单桩；（b）高单桩；（c）低桩承台；（d）高桩承台；（e）高桩框架

采用螺旋锚作为输电杆塔基础，可减少土石方开挖量、混凝土浇制量，减小占地面积，保护植被，减少人力投入，降低施工成本，加快施工速度缩短工期。

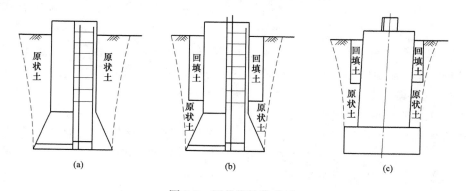

图 7-9　原状掏挖类基础

（a）直柱全掏挖基型；（b）直柱半掏挖基型；（c）斜柱半掏挖基型

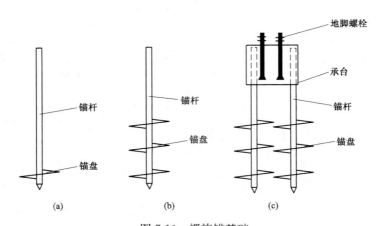

图 7-10 螺旋锚基础

（a）单层螺旋锚；（b）多层螺旋锚；（c）螺旋锚承台

（2）大开挖基础。大开挖基础指埋置于预先挖好的基坑内并将回填土夯实的基础。它是以扰动的回填土构成抗拔土体保持基础的上拔稳定性。对于扰动的黏性回填土，虽然夯实亦难恢复原有土的结构强度，因此就其抗拔性能而言这类基础是不够理想的基础类型。为了满足上拔稳定性的要求，必须加大基础的尺寸，同时也增加了基础的工程造价。

这类基础具有施工简便的特点，工程中经常采用。此类基础主要包括装配式基础、现场浇筑混凝土基础等。

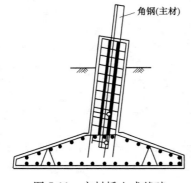

图 7-11 主材插入式基础

4. 按基础与铁塔连接方式分类

（1）地脚螺栓式基础。地脚螺栓式基础是在现场浇筑混凝土时将地脚螺栓埋入基础中，塔腿通过地脚螺栓与基础相连，塔腿与基础是分开的。此类基础具有形式简单、支模找正方便、几何受控点少、验收标准低等优点。

（2）主材插入式基础。主材插入式基础是将铁塔主材直接插入基础，与混凝土浇筑成一体，这样省掉了地脚螺栓和塔脚板，如图 7-11 所示。此类基础具有结构科学合理、节省材料的优点，但由于插腿找正工艺复杂、几何尺寸控制点多、工艺标准较高等特点，给施工带来了一定困难。

5. 按自然条件要求分类

铁塔基础按自然条件可分为等高基础和不等高基础，如图 7-12 所示。

7.1.2 对基础的要求

1. 选择基础形式的基本原则

优秀的基础设计方案不仅要科学合理、材料节约、形式环保，而且还应考虑施工安全、施工进展、施工工艺和施工成本等方面。基础形式选择时应注意以下原则：

（1）不等高基础与铁塔高低腿（长短腿）相互配合。

（2）优先选用原状土基础。

（3）运输困难地区可选用装配式基础。

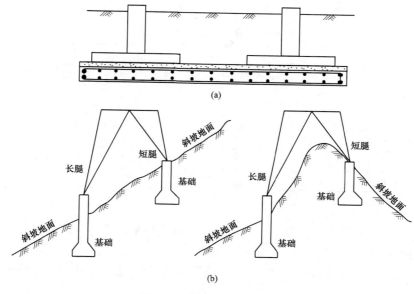

图 7-12　等高与不等高基础

(a) 等高基础；(b) 不等高基础

（4）地质条件较差时可选用桩基础。

（5）注重环境保护和可持续发展战略，因地制宜选择杆塔设计方案。

2. 对铁塔基础构造要求

（1）杆塔基础和拉线基础，一般采用钢筋混凝土基础和混凝土基础。现浇混凝土基础混凝土的等级不低于 C15；当采用Ⅱ、Ⅲ级钢筋或预制钢筋混凝土构件时，混凝土强度等级不宜低于 C20。

（2）埋设在土中的基础，其埋置深度应大于土的冻结深度。如钢筋混凝土电杆埋在易冻裂之处，地面以下杆段应采取预制基础或将杆灌实。

（3）设计跨江或位于洪泛区的基础，一般将基础设计在常年洪水淹没区以外。

（4）在山坡上的输电杆塔，应考虑边坡稳定以及滚石或山洪冲刷的可能，并采取相应的防护措施。

（5）基础底板的厚度应符合以下要求：①浇制基础的底板厚度不小于 200mm；②预制基础的底板厚度不小于 100mm。

（6）自然环境对基础有腐蚀作用的，其基础应按相应标准采取防腐措施。

7.1.3　基础材料

1. 混凝土

混凝土的强度是输电杆塔基础设计上的一项重要力学指标，在设计混凝土或钢筋混凝土构件时，首先必须确定混凝土的强度等级。混凝土强度等级是指按照标准方法制作、养护边长为 150mm 的立方体试件，在 28d 龄期，用标准试验方法测得的具有 95% 保证率的立方体抗压强度标准值。影响混凝土强度等级的因素主要有水泥等级、水灰比、龄期、养护温度和湿度等。测量混凝土强度的仪器为回弹仪。

在计算混凝土和钢筋混凝土基础的截面强度和刚度时，尚需了解混凝土的强度和弹性模量。表 7-1 给出了常见混凝土强度等级及其设计强度、弹性模量的关系。

表 7-1　　　　　　　　　　　混凝土的设计强度和弹性模量　　　　　　　　　$\times 10^3 \text{kN/m}^2$

强度种类	符号	混凝土强度等级						
		C20	C25	C30	C35	C40	C45	C50
轴心抗压强度设计值	f_c	9.6	11.9	14.3	16.7	19.1	21.1	23.1
轴心抗压强度标准值	f_{ck}	13.4	16.7	20.1	23.4	26.8	29.6	32.4
轴心抗拉强度设计值	f_t	1.10	1.27	1.43	1.57	1.71	1.80	1.89
轴心抗拉强度标准值	f_{tk}	1.54	1.78	2.01	2.20	2.39	2.51	2.64
受压、受拉弹性模量	$E_c(\times 10^7 \text{kN/m}^2)$	2.55	2.80	3.00	3.15	3.25	3.35	3.45

2. 钢筋

输电线路采用的钢筋混凝土基础，由于耐久性和抗拔承载能力的限制，其截面尺寸均较大，计算所需的钢筋截面积较小，通常采用 HPB300、HRB400 钢筋就能够满足设计要求。

计算钢筋混凝土基础的截面强度时，普通钢筋强度设计值和弹性模量应按表 7-2 取值。

表 7-2　　　　　　　　　　　钢筋设计强度及弹性模量　　　　　　　　　　$\times 10^3 \text{kN/m}^2$

钢筋种类	符号	公称直径 d(mm)	抗拉强度 f_{st}	抗压强度 f_{sc}	弹性模量 E_s	抗剪强度 f_τ
HPB300	Φ	6～22	270	270	2.1×10^5	115
HRB335 HRBF335	$\underline{\Phi}$，$\underline{\Phi}^F$	6～50	300	300	2.0×10^5	155
HRB400 HRBF400 RRB400	$\underline{\Phi}$，$\underline{\Phi}^F$，$\underline{\Phi}^R$	6～50	360	360	2.0×10^5	180
HRB500 HRBF500	$\overline{\Phi}$，$\overline{\Phi}^F$	6～50	435	435	2.0×10^5	195

3. 石材

石材是一种具有良好力学性能的天然材料，如能就地取材将会降低基础的工程造价。目前，石材已被广泛用于电杆的底盘、拉线盘和卡盘等基础。石材用于电杆基础时一般应考虑抗压强度和抗水性的要求，对处在特殊环境（如高温、高湿、水中、严寒侵蚀等）中的电杆基础，应分别考虑石材的耐久性、耐水性、抗冻性及耐化学腐蚀等是否满足要求。

7.1.4　地基土（岩）的力学性质

在杆塔基础设计中涉及地基土的力学特性，主要包括以下参数：

（1）土的计算容重 γ_s。土的计算容重指土在天然状态下单位体积的重力，其值随土中含水率的多少而有较大的变化，一般 γ_s 在 $12\sim 20\text{kN/m}^3$ 之间。土的计算容重列于表 7-3 中。

（2）土的内摩擦角 φ 和计算内摩擦角 β。土在外部荷载作用下，土层间有发生相对滑移的趋势，从而引起内部土层间相互摩擦的阻力，称为内摩擦阻力 T，其与土所受的正压力 σ 有关。对于黏性土而言，土的抗剪强度 τ 除了取决于土的内摩擦阻力，还与土的黏聚力 c 有关，即 $\tau = T + c$。土的内摩擦角 φ 和计算内摩擦角 β 之间的关系为

$$\beta=\arctan\left(\frac{c}{\sigma}+\tan\varphi\right) \tag{7-1}$$

式中：φ 为土的内摩擦角，°；β 为土的计算内摩擦角，°；σ 为土所受的正压力，kPa；c 为土的黏聚力，kPa。

当无资料时，砂类土、粉土以及黏性土的黏聚力和内摩擦角可查附录 A 取值。

（3）计算上拔角 α。基础受上拔力作用时，抵抗上拔力的锥形土体的倾斜角称为上拔角。由于坑壁开挖的不规则和回填土的不紧密，土的天然结构被破坏，所以使埋设在土壤中的上拔基础抗拔承载力有所减小。在计算基础上拔承载力时，将计算内摩擦角乘以一个降低系数，即为上拔角 α。

对于一般土，取 $\alpha=\frac{2}{3}\beta$；对于砂类土，一般取 $\alpha=\frac{4}{5}\beta$。土的计算内摩擦角、上拔角可查表 7-3。

表 7-3　　　　土的计算容重 γ_s、计算上拔角 α 和计算内摩擦角 β

土的名称	黏性土及粉质黏土			砂土			
土的状态	坚硬、硬塑	可塑	软塑	砾砂	粗、中砂	细砂	粉砂
$\gamma_s(kN/m^3)$	17	16	15	19	17	16	15
$\alpha(°)$	25	20	10	30	28	26	22
$\beta(°)$	35	30	15	38	35	30	30
$m(kN/m^3)$	63	48	26	80	63	48	48

注　1. 表中数值不适用于松散的砂土。
　　2. 位于地下水位以下土的计算容重，一般取浮容重。但对塑性指数大于 10 的黏性土的直线杆塔基础可取天然容重。
　　3. 基础埋于几种不同土层时，可采用其加权平均值。

（4）地基承载力的计算。地基承载力特征值 f_{ak} 可由荷载试验或其他原位测试、理论公式计算、并结合工程实践经验等方法综合确定。当无资料时，未修正的地基承载力特征值可依据附录 B 来确定。

7.1.5　影响基础埋置深度的因素

输电杆塔基础埋置深度（简称基础埋深）是指基础底面至地面（一般指设计地面）的距离。选择基础埋深就是选择合适的地基持力层，基础埋深对输电杆塔的安全运行、施工进度和工程造价等均有很大影响。因此，合理确定基础埋深是一项非常重要的问题。在进行输电杆塔基础设计时，基础埋深应考虑以下因素。

1. 作用于地基上的荷载大小和性质

杆塔基础的埋深必须满足地基变形、上拔和倾覆稳定性的要求，减少杆塔的整体倾斜，防止倾覆及滑移。承受横向荷载较小的受压基础，应尽量浅埋，但基础底面应埋置于植土或耕土层以下，基础埋深一般不小于 0.5m。对承受较大上拔力的铁塔基础，为了充分发挥土体的抗拔能力，应尽量深埋，但不宜超过抗拔土体的临界深度。

2. 相邻建筑物及基础构型

当存在相邻建筑物时，新建建筑物的基础埋深不宜大于原有建筑物的基础。如必须超过时，则两基础净距不应小于其底面高差的 1～2 倍。另外，基础的结构形式也决定基础埋深。

如直柱混凝土台阶式基础，当基础底面积确定后，由于需要满足刚性角的构造要求，也就确定了最小基础埋深。

3. 工程地质条件及水文地质条件

一般当上层土的承载力能满足要求时，就应选择上层土作为持力层。若其下有软弱土层时，则应验算软弱下卧层的承载力是否满足要求，并铺设垫层或采取其他防扰动措施。对于基础延伸方向土性不均匀的地基，可以根据持力层的变化，将基础分成若干段，各段采用不同的埋置深度，以减少基础的不均匀沉降。

遇有地下水的塔位，基础宜埋置在地下水位以上，如必须埋置在地下水位以下，则应在施工时采取降水或排水措施，以保证地基土在施工时不受扰动。跨河塔位的基础，基础底面必须埋置于局部冲刷深度以下。

4. 季节性冻土及多年冻土

设计输电线路基础时还必须考虑地基冻胀和融陷对基础埋深的影响。

（1）季节性冻土地区基础埋深除满足承载力要求外，对弱冻胀、冻胀性地基，基础埋深不宜小于设计冻深；对强冻土、特强冻土，基础宜埋在设计冻深以下不小于 0.5m 处。

（2）多年冻土地区基础埋深除满足承载力等要求外，还应符合下列规定：

1）对不衔接多年冻土地基，当基础底面位于融土夹层且满足地基土的稳定和变形要求时，可按季节性冻土地基的相关规定确定基础埋深。

2）对衔接多年冻土地基，当按保持冻结状态设计时，基础埋深可通过热工计算确定，但不得小于 0.5m，可参考《冻土地区架空输电线路基础设计技术规程》（DL/T 5501—2015）。

7.2　普通基础的上拔稳定性计算

普通基础包括开挖回填土基础和掏挖扩底基础两种。通常设计该类基础时，首先根据上拔稳定条件确定基础外形，再进行地基和基础的强度计算。目前，输电线路普通基础的上拔稳定性计算，根据抗拔土体的状态可分别采用剪切法和土重法。剪切法适用于原状抗拔土体，土重法适用于回填抗拔土体。

7.2.1　适用条件

（1）对于剪切法，适用于以下条件：

1）基础埋深与圆形底板直径之比（h_t/D）不大于 4 的非松散砂类土。

2）基础埋深与圆形底板直径之比（h_t/D）不大于 3.5 的黏性土。

适用于剪切法的主要基础形式为掏挖基础（见图 7-9）。

（2）对于土重法，适用于以下条件：

1）基础埋深与圆形底板直径之比（h_t/D）不大于 4、与方形底板边长比（h_t/B）不大于 5 的非松散砂类土。

2）基础埋深与圆形底板直径之比（h_t/D）不大于 3.5、与方形底板边长比（h_t/B）不大于 4.5 的黏性土。

适用于土重法的基础形式主要有拉线基础 ［见图 7-1（a）］、装配式基础（见图 7-3）和现场浇筑基础（见图 7-4）等。

拉线盘换算成圆形底板时，可按下式计算

$$D = 0.6(b + l) \qquad (7\text{-}2)$$

式中：b 为拉线盘的宽度，m；l 为拉线盘的长度，m。

7.2.2　影响土体抗拔力的附加因素

1. 设计水平力的影响

自立式输电铁塔由于腿部存在坡度，主材承受上拔力或下压力时，在基础顶面 x、y 轴相应产生水平分力。基础承受上拔荷载时，除上拔力 T 作用外，x、y 轴产生的水平分力也对基础土体产生一定的影响，其影响程度由 H_E/T 的大小来确定，为了考虑基础上拔时水平力对基础土体产生的上拔影响，铁塔基础设计时采用水平荷载影响系数 η_E 来反映其影响程度。假定作用于基础顶面的 x、y 轴的水平分力为 H_x、H_y，对基础上拔力 T 的影响为 $0\% \sim 25\%$，其基础顶面 x、y 轴水平合力 H_E 的计算公式为 $H_E = \sqrt{H_x^2 + H_y^2}$。水平荷载影响系数 η_E 根据水平力 H_E 和上拔力 T 的比值确定，可查表 7-4。

表 7-4　　　　　　　　　　　　　　水平荷载影响系数 η_E

水平力 H_E 和上拔力 T 的比值	水平荷载影响系数 η_E
0.15～0.40	1.00～0.90
0.40～0.70	0.90～0.80
0.70～1.00	0.80～0.75

2. 基础底板上平面坡角的影响

基础底板通常如图 7-13 所示的形状，底板上平面的开展角（即平面坡角）θ 对土体抗拔力有一定影响。在相同上拔工况下，坡角小的基础底板较坡角大的基础底板在极限土体上拔破坏状态下的承受能力有明显下降趋势，这里所说的坡角大小是以 45° 为分界线的。

基础平面坡角 θ 的影响用坡角影响系数 η_θ 来表示。对原状抗拔土体基础，当 $\theta > 45°$ 时，取 $\eta_\theta = 1.2$；当 $\theta \leqslant 45°$ 时，取 $\eta_\theta = 1.0$。对开挖回填土基础，当 $\theta \geqslant 45°$ 时，取 $\eta_\theta = 1.0$；当 $\theta = 30° \sim 45°$ 时，$\eta_\theta = 0.7 \sim 0.95$，可近似取 $\eta_\theta = 0.8$。

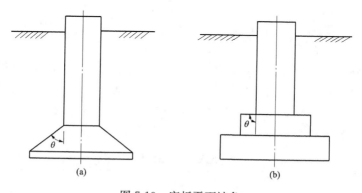

图 7-13　底板平面坡角

（a）$\theta = 30° \sim 60°$；（b）θ 角度任意

3. 相邻基础的影响

相邻基础间距（根开）小，同时承受上拔力时的抗拔土体，当相邻基础承受上拔力之差小于 20％时，设计时必须考虑其对土体抗拔力的影响。

（1）相邻基础同时承受上拔力作用（见图 7-14），利用土重法计算回填土上拔稳定性时，抗拔土体的体积在下列情况下应减去图中阴影部分的土体体积 ΔV_t。

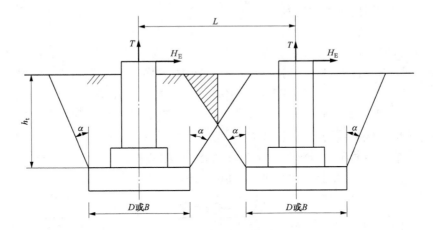

图 7-14　相邻上拔基础土重法计算简图

1）正方形底板，当 $L < B + 2h_t\tan\alpha$ 时

$$\Delta V_t = \frac{(B + 2h_t\tan\alpha - L)^2}{24\tan\alpha}(2B + L + 4h_t\tan\alpha) \tag{7-3}$$

2）长方形底板，当 $L < b + 2h_t\tan\alpha$ 或 $L < l + 2h_t\tan\alpha$ 时

$$\Delta V_t = \frac{(b + 2h_t\tan\alpha - L)^2}{24\tan\alpha}(3l + L - b + 4h_t\tan\alpha) \tag{7-4}$$

或

$$\Delta V_t = \frac{(l + 2h_t\tan\alpha - L)^2}{24\tan\alpha}(3b + L - l + 4h_t\tan\alpha) \tag{7-5}$$

3）圆形底板，当 $L < D + 2h_t\tan\alpha$ 时

$$\Delta V_t = \frac{(D + 2h_t\tan\alpha)^2}{12}\Big(\frac{D}{2\tan\alpha} + h_t\Big)K_v \tag{7-6}$$

式中：L 为两基础中心间的距离，m；B 为正方形底板的边长，m；h_t 为基础的上拔深度，m，当 $h_t > h_c$ 时，取 $h_t = h_c$；h_c 为计算基础上拔时的临界深度，m；α 为土的计算上拔角，°，按表 7-4 取值；K_v 为土重法圆形底板相邻上拔基础影响系数，可按表 7-5 取值；b、l 分别为矩形底板的短边和长边，m。

表 7-5　　　　　土重法圆形底板相邻基础影响系数 K_v

$L/(D + 2h_t\tan\alpha)$	1.0	0.9	0.8	0.7	0.6	0.5	0.4	0.3	0.2
K_v	0	0.02	0.05	0.10	0.33	0.35	0.55	0.85	1.0

注　当 $h_t > h_c$ 时，取 $h_t = h_c$。

（2）相邻基础同时承受上拔力作用（见图 7-15），利用剪切法计算原状土体上拔稳定性时，抗拔力的计算值应该乘以相邻基础影响折减系数 ξ，ξ 按表 7-6 确定。

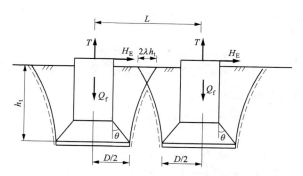

图 7-15 相邻上拔基础剪切法计算简图

表 7-6	**相邻基础影响系数 ξ**
相邻上拔基础中心距离 L(m)	影响系数 ξ
$L \geqslant D + 2\lambda h_t$ 或 $L \geqslant D + 2\lambda h_c$	1.0
$L = D$ 和 h_t 或 $h_c \leqslant 2.5D$	0.70
$L = D$ 和 $2.5D < h_t$ 或 $h_c \leqslant 3.0D$	0.65
$L = D$ 和 $3.0D < h_t$ 或 $h_c \leqslant 4.0D$	0.55
$D + 2\lambda h_t$ 或 $D + 2\lambda h_c > L > D$	按插入法确定

其中，λ 为与相邻抗拔土体剪切面有关的系数，可按下式确定

$$\lambda = \frac{\cos\left[\left(\frac{\pi}{4} + \frac{\varphi}{2}\right)\left(\frac{D}{2h_t}\right)^2\right] - \sin\left(\frac{\pi}{4} - \frac{\varphi}{2}\right)}{\cos\left(\frac{\pi}{4} - \frac{\varphi}{2}\right) - \sin\left[\left(\frac{\pi}{4} + \frac{\varphi}{2}\right)\left(\frac{D}{2h_t}\right)^2\right]} \tag{7-7}$$

当 $h_t \geqslant D$ 时，λ 可近似按表 7-7 采用。

表 7-7		**与相邻抗拔土体剪切面有关的系数 λ**				
土体内摩擦角 φ	45°	40°	30°	20°	10°	0°
λ	0.65	0.6	0.55	0.50	0.45	0.40

7.2.3 剪切法

1. 原状土掏挖基础特点

原状土掏挖基础主要适用于无地下水的土层，直立性较好的硬塑、可塑黏性土及强风化岩石的地质条件。基础施工时"以土代模"，直接将钢筋骨架和混凝土浇入掏挖成型的土胎内，减少了基础的侧向变形，充分利用了原状土承载力高、变形小的优点。由于浇制混凝土时不需支模，可缩短施工周期，降低施工费用。施工过程避免大开挖，减少了对周围环境的破坏，同时避免了对土体的过分扰动，能充分发挥地基土的承载能力。但当基础作用力较大时（特别是耐张塔），掏挖基础的混凝土用量明显大于开挖回填土板式基础，经济性不佳。另外，掏挖基础对地质条件要求较高，也不适用于需要地基处理的塔位，比如湿陷性黄土地基。

为满足人工掏挖的施工操作和确保施工中人身安全的要求，掏挖基础的尺寸以基柱的直径不小于 0.8m，埋深和扩底部直径不大于 3m 为宜。由于该类基础以天然不扰动土作为抗拔土体，因此在上拔稳定计算时的计算上拔深度应扣除表层非原状土层的厚度，当地面有植物或耕土层时，一般扣除 $0.3m$，水稻田扣除 $0.5m$。

2. 基础土体极限抗拔力计算

原状土基础采用剪切法计算上拔稳定时，按下式确定

$$\gamma_f T \leqslant \eta_E \eta_\theta R_T \tag{7-8}$$

当 $h_t \leqslant h_c$ 时，如图 7-16（a）所示

$$R_T = \frac{A_1 c h_t^2 + A_2 \gamma_s h_t^3 + \gamma_s (A_3 h_t^3 - V_0)}{2.0} + Q_f \tag{7-9}$$

当 $h_t > h_c$ 时，如图 7-16（b）所示

$$R_T = \frac{A_1 c h_c^2 + A_2 \gamma_s h_c^3 + \gamma_s (A_3 h_c^3 + \Delta V - V_0)}{2.0} + Q_f \tag{7-10}$$

式中：γ_f 为基础附加分项系数，可按表 7-8 取值；T 为作用于基础顶面的上拔力设计值，kN；η_E 为水平力影响因数，按表 7-4 确定；η_θ 为基础开展角影响系数，当 $\theta > 45°$ 时，取 $\eta_\theta = 1.2$；当 $\theta \leqslant 45°$ 时，取 $\eta_\theta = 1.0$；R_T 为基础单向抗拔承载力设计值，kN；h_t 为基础的上拔埋置深度，m；h_c 为基础的上拔临界深度，m，可按表 7-9 取值；c 为按饱和不排水剪或相当于饱和不排水剪方法确定的黏聚力，kPa；γ_s 为基础底面以上天然土的加权平均重度，kN/m^3；Q_f 为基础自重力，kN，位于地下水位以下的基础重度应按浮重度计算，混凝土基础的浮重度可取 $12kN/m^3$；ΔV_t 为（$h_t \sim h_c$）范围内的柱状滑动面体积，m^3；A_1、A_2、A_3 为无因次计算系数，由抗拔土体滑动面形态、内摩擦角 φ 和基础深径比（h_t/D）确定，可查附录 C 确定。

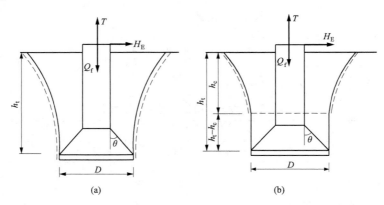

图 7-16　剪切法计算上拔稳定的计算简图

（a）$h_t \leqslant h_c$；（b）$h_t > h_c$

表 7-8　　　　　　　　　　　　　　基础附加分项系数 γ_f

设计条件		上拔稳定		倾覆稳定	上拔、下压稳定
杆塔类型 \ 基础形式		重力式基础	其他类型基础	各类型基础	灌注桩基础
悬垂直线杆塔		0.90	1.10	1.10	0.80
耐张（0℃转角）及悬垂转角杆塔		0.95	1.30	1.30	1.00
耐张转角、终端、大跨越塔		1.10	1.60	1.60	1.25

表 7-9　　　　　　　　　　　**剪切法基础上拔临界深度 h_c**

土的名称	土的状态	基础上拔临界深度 h_c
碎石、粗砂、中砂	密实～稍密	$4.0D \sim 3.0D$
细砂、粉砂、粉土	密实～稍密	$3.0D \sim 2.5D$
黏性土	坚硬～可塑	$3.5D \sim 2.5D$
	可塑～软塑	$2.5D \sim 1.5D$

注　计算上拔时的临界深度 h_c，即为土体整体破坏的计算深度。

当埋入软塑黏性原状土中且基础的上拔深度 $h_t > h_c$，上拔稳定尚应符合下式要求

$$\gamma_f T \leqslant 8D^2 c + Q_f \tag{7-11}$$

式中：D 为圆形基础底板的直径，m。

7.2.4　土重法

当基础在受上拔力的作用下，假定方形或圆形基础的破裂面为一倒棱台或圆台形，并以一定角度向地面延伸，上拔承载力由基础自重和破裂面以内土体重量来承受（见图 7-17）。

1. 自立式铁塔基础上拔稳定计算

自立式铁塔基础上拔稳定性应满足以下安全条件，即

$$\gamma_f T \leqslant \eta_E \eta_\theta \gamma_s (V_T - \Delta V_t - V_0) + Q_f \tag{7-12}$$

式中：V_0 为 h_t 深度内的基础体积，m³；γ_f 为基础的附加分项系数，按表 7-8 取值；γ_s 为回填土的计算容重，kN/m³，按表 7-3 取值；η_E 为设计水平荷载影响系数，根据水平力与上拔力的比值按表 7-4 确定；η_θ 为基础底板上平面坡角影响系数，当 $\theta \geqslant 45°$ 时，取 $\eta_\theta = 1.0$；当 $\theta = 30° \sim 45°$ 时，$\eta_\theta = 0.7 \sim 0.95$，可近似取 $\eta_\theta = 0.8$；Q_f 为基础自重力，kN，$Q_f = V_0 \gamma_h$（γ_h 为混凝土的容重）；ΔV_t 为相邻基础重复部分土的体积，m³，见式（7-3）～式（7-6）；V_T 为 h_t 深度内的土和基础的体积，m³。

（1）当 $h_t \leqslant h_c$ 时，如图 7-17（a）所示，有

方形底板　　　$$V_T = h_t \left(B^2 + 2B h_t \tan\alpha + \frac{4}{3} h_t^2 \tan^2\alpha \right) \tag{7-13}$$

对于基础上拔深度内土和基础的体积，也可采用倒四棱台体积进行计算，即

$$V_T = \frac{h_t}{3} (S_1 + S_2 + \sqrt{S_1 S_2}) \tag{7-14}$$

矩形底板　　　$$V_T = h_t \left[bl + (b+l) h_t \tan\alpha + \frac{4}{3} h_t^2 \tan^2\alpha \right] \tag{7-15}$$

圆形底板　　　$$V_T = \frac{\pi}{4} h_t \left(D^2 + 2D h_t \tan\alpha + \frac{4}{3} h_t^2 \tan^2\alpha \right) \tag{7-16}$$

（2）当 $h_t > h_c$ 时，如图 7-17（b）所示，有

方形底板　　　$$V_T = h_c \left(B^2 + 2B h_c \tan\alpha + \frac{4}{3} h_t^2 \tan^2\alpha \right) + B^2 (h_t - h_c) \tag{7-17}$$

矩形底板　　　$$V_T = h_c \left[bl + (b+l) h_c \tan\alpha + \frac{4}{3} h_c^2 \tan^2\alpha \right] + bl (h_t - h_c) \tag{7-18}$$

圆形底板　　　$$V_T = \frac{\pi}{4} \left[h_c \left(D^2 + 2D h_c \tan\alpha + \frac{4}{3} h_c^2 \tan^2\alpha \right) + D^2 (h_t - h_c) \right] \tag{7-19}$$

式中：B 为正方形底板的边长，m；b、l 为长方形底板的短边、长边，m；D 为圆形底板的直径，m；S_1 为正四棱台上平面面积，m^2；S_2 为正四棱台下平面面积，m^2；α 为回填土的计算上拔角，°，可按表 7-3 取值；h_t 为基础的上拔深度，m；h_c 为回填土的临界深度，m，可按表 7-10 取值。

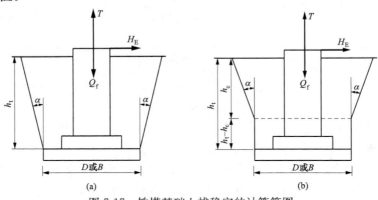

图 7-17　铁塔基础上拔稳定的计算简图

(a) $h_t \leqslant h_c$；(b) $h_t > h_c$

表 7-10　　　　　　　　　　　　　土重法基础上拔临界深度 h_c

土的名称	土的状态	基础上拔临界深度 h_c	
		圆形底板	方形底板
砂类土、粉土	稍密、密实	2.5D	3.0B
黏性土	坚硬、硬塑	2.0D	2.5B
	可塑	1.5D	2.0B
	软塑	1.2D	1.5B

注　1. 长方形底板，当长边 l 与短边 b 之比不大于 3 时，取 $D = 0.6(b+l)$。

　　2. 土的状态按天然状态确定。

2. 拉线盘稳定计算

根据地质条件，拉线盘埋入土中的深度有浅埋 [见图 7-18 (a)] 和深埋 [见图 7-18 (b)] 两种，h_c 为回填土的临界埋置深度。拉线盘斜向受力为 T，T 可分解为垂直分力 $T\sin\omega$ 和水平分力 $T\cos\omega$，ω 为拉线与地面的夹角。

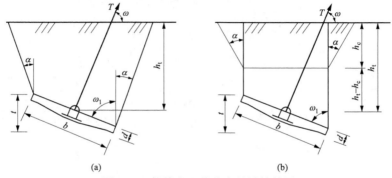

图 7-18　拉线盘上拔稳定的计算简图

(a) $h_t \leqslant h_c$；(b) $h_t > h_c$

（1）拉线盘上拔稳定计算。拉线盘的上拔稳定应满足以下安全条件，即

$$\gamma_f T \sin\omega \leqslant V_T \gamma_s + Q_f \tag{7-20}$$

对于矩形拉线盘，当 $h_t \leqslant h_c$ 时，

$$V_T = h_t \left[bl\sin\omega_1 + (b\sin\omega_1 + l)h_t\tan\alpha + \frac{4}{3}h_t^2\tan^2\alpha \right] \tag{7-21}$$

当 $h_t > h_c$ 时，

$$V_T = h_c \left[bl\sin\omega_1 + (b\sin\omega_1 + l)h_c\tan\alpha + \frac{4}{3}h_c^2\tan^2\alpha \right] + bl(h_t - h_c)\sin\omega_1 \tag{7-22}$$

式中：T 为拉线拉力设计值，kN；γ_s 为回填土的计算容重，kN/m³，可按表 7-3 取值；γ_f 为拉线盘抗拔稳定附加分项系数，可按表 7-8 取值；Q_f 为拉线盘自重，kN；V_T 为 h_t 深度内的抗拔土体积，m³；b、l 分别为拉线盘的短边、长边，m；ω 为拉线拉力 T 与水平地面的夹角，°；ω_1 为拉线盘上平面与垂面的夹角，°。当拉线盘斜放与拉线垂直时，$\omega_1 = \omega$；当拉线盘平放时，$\omega_1 = 90°$。

（2）拉线盘水平方向稳定计算。当拉线对地面间夹角 $\omega < 45°$ 时，需验算拉线盘在水平方向的稳定性。在拉线水平力 $T\cos\omega$ 的作用下，使拉线盘沿拉线方向水平移动，这时拉线盘侧面产生被动土抗力，即

$$x_1 = \gamma_s\tan^2(45° + \beta/2)h_t tl \tag{7-23}$$

式中：l 为拉线盘的长边长度，m；t 为拉线盘的计算厚度，m，当拉线盘平放时取 $t = d$（d 为拉线盘厚度），斜放时取 $t = b\cos\omega_1$；β 为土的计算内摩擦角，°，按表 7-3 取值。

在拉线垂直分力 $T\sin\omega$ 的作用下，产生的水平抗力按式（7-24）确定。

$$T_1 = T\sin\omega f = T\sin\omega\tan\beta \tag{7-24}$$

式中：f 为地基土与拉线盘的摩擦系数，$f = \tan\beta$。

综合水平抗力和水平稳定性安全条件为

$$\gamma_f T\cos\omega \leqslant x_1 + T_1 \leqslant \gamma_s h_t tl\tan^2(45° + \beta/2) + T\sin\omega\tan\beta \tag{7-25}$$

为了便于选用和估算材料，附录 D 给出了一些常用规格的拉线盘。

7.3　下压基础的计算

承受下压力的基础主要有两种。一种是经常受下压的基础，如转角杆塔的内侧基础、带拉线的直线型基础和耐张型铁塔基础；另一种是承受反复荷载，如铁塔的分开式基础，有时承受上拔，有时承受下压。因此，需要进行上拔和下压两种状态的稳定性校核。一般情况下，杆塔下压基础的计算指地基强度的计算。

7.3.1　电杆底盘的计算

如图 7-19 所示，由于电杆坐落在预制的底盘上，杆柱与底盘间无连接，在结构上称为"简支"，所以在计算上假设它不承受水平力和弯矩，按轴心受压基础计算。

1. 抗压承载力计算

（1）底盘底面处压应力为

$$p = \frac{F + \gamma_G G}{A} \tag{7-26}$$

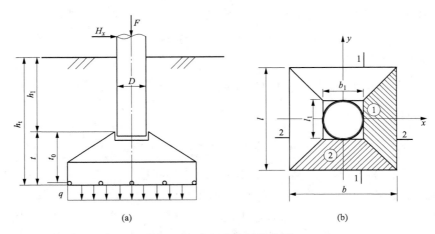

图 7-19　电杆底盘计算简图

(a) 电杆受力图；(b) 电杆底盘

式中：p 为底盘底面处的平均压应力设计值，kPa；F 为上部结构传至基础底面的竖向压力设计值，kN；G 为基础自重和基础正上方的土重，kN；γ_G 为永久荷载分项系数。对基础有利时，宜取 $\gamma_G = 1.0$；对基础不利时，取 $\gamma_G = 1.2$；A 为底盘的面积，m^2。

(2) 抗压承载力验算。

底盘底面处压应力应符合以下要求

$$p \leqslant f_a / \gamma_{rf} \tag{7-27}$$

式中：f_a 为修正后的地基承载力特征值，kPa；γ_{rf} 为地基承载力调整系数，宜取 $\gamma_{rf} = 0.75$。

2. 底盘强度的计算

(1) 当矩形底板轴心受力时，计算截面处的弯矩可按下式确定

$$M_{1\text{-}1} = \frac{p_0}{24}(b - b_1)^2(2l + l_1) \tag{7-28}$$

$$M_{2\text{-}2} = \frac{p_0}{24}(l - l_1)^2(2b + b_1) \tag{7-29}$$

式中：p_0 为基础底板的平均净压力设计值，当下压时 $p_0 = \dfrac{F + \gamma_G G}{bl}$，当上拔时 $p_0 = \dfrac{T}{bl - b_1 l_1}$；$M_{1\text{-}1}$、$M_{2\text{-}2}$ 为计算截面 1-1 和 2-2 处的弯矩，kN·m；l_1、b_1 为基础底板处柱截面的长度和宽度，m，一般和电杆腿直径相近，对于方形底板，按电杆直径折算，$l_1 = b_1 = \sqrt{\dfrac{\pi D^2}{4}}$；$l$、$b$ 为基础底板的长度和宽度，m；T 为基础上拔力设计值，kN。

(2) 矩形底板单向受弯时，计算截面处的弯矩可按下式确定

$$M_{1\text{-}1} = \frac{p_1}{24}(b - b_1)^2(2l + l_1) \tag{7-30}$$

$$p_1 = \frac{p_{\max} + p_c}{2} \tag{7-31}$$

下压时，$p_{\max} = \dfrac{F + \gamma_G G}{bl} \pm \dfrac{M_x}{W_y}$；上拔时，$p_{\max} = \dfrac{T}{bl - b_1 l_1} + \dfrac{6M_x b}{lb^3 - l_1 b_1^3}$

式中：p_1 为底板① ［图 7-19 （b）阴影部分］的平均压（拉）力设计值，kPa；p_c 为截面 1-1 处的压（拉）力设计值，kPa；p_{max} 为基础底面边缘处最大压（拉）力设计值，kPa；M_x 为作用于基础底面平行于 x 轴的弯矩设计值，kN·m；W_y 为基础底面对 y 轴的抵抗矩，m^3。

（3）矩形底板双向受弯时，计算截面处的弯矩可按下式确定

$$\begin{cases} M_{1\text{-}1} = \dfrac{p_1}{24}(b-b_1)^2(2l+l_1) \\ M_{2\text{-}2} = \dfrac{p_2}{24}(l-l_1)^2(2b+b_1) \end{cases} \tag{7-32}$$

式中：p_2 为底板② ［见图 7-19 （b）阴影部分］的平均压（拉）力设计值，kPa。

由于杆塔基础在 x、y 方向都存在水平力，应分别计算 x、y 轴底板截面处弯矩的大小，再对底板进行配筋。为了便于选用和估计材料，一些底盘的常用规格可见附录 D。

7.3.2 台阶式下压基础的计算

1. 基础尺寸的确定

铁塔基础尺寸可由输电线路等级、输电铁塔类型和地质条件等因素确定。一般做成刚性的混凝土台阶式基础，每一台阶高度，一般选择在 $300 \sim 600mm$。所谓刚性基础是按照扩大结构的刚性角，增加基础宽度，使台阶式基础形成锥形的基础（如图 7-20 中虚线所示），这样基础抗压强度较大，体积较小，底板可不配筋，但不承受拉力和弯矩。为避免刚性材料被拉裂，设计要求外伸宽度 b' 与台阶阶段的总高度 H_1 的比值有一定的限度，即

$$\frac{b'}{H_1} \leqslant \left[\frac{b'}{H_1}\right] = \tan\delta \tag{7-33}$$

确定基础底面宽度的计算公式为

$$B \leqslant b_1 + 2H_1\tan\delta \tag{7-34}$$

式中：$\left[\dfrac{b'}{H_1}\right]$ 为宽高比的容许值，混凝土宽高比容许值为 $1:1 \sim 1:1.5$；b' 为台阶式基础的外伸宽度，m；B 为基础底面宽度，m；H_1 为台阶总高度，m；b_1 为柱子的宽度，m，与铁塔座板尺寸有关；δ 为刚性角，混凝土刚性角为 $34° \sim 45°$。

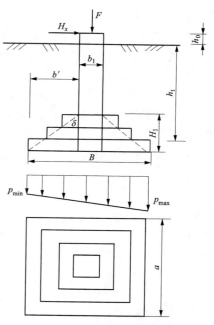

图 7-20　铁塔下压基础计算简图

根据式（7-33）和式（7-34），可以确定基础的尺寸，从而选择合适的上拔埋置深度 h_t。

2. 地基强度（地基承载力）的计算

输电线路杆塔基础底面的压力，应符合下列要求。

（1）当轴心荷载作用时，基础底面处的平均压力应符合下式要求

$$p \leqslant f_a/\gamma_{rf} \tag{7-35}$$

（2）当偏心荷载作用时，除满足式（7-35）外，最大基底压力还应符合下式要求

$$p_{max} \leqslant 1.2 f_a/\gamma_{rf} \tag{7-36}$$

式中：p 为基础底面处的平均压力设计值，kPa；p_{max} 为基础底面边缘的最大压力设计值，

kPa；f_a为修正后的地基承载力特征值，kPa；γ_{rf}为地基承载力调整系数，取$\gamma_{rf}=0.75$。

（3）地基软弱下卧层验算。工程实践中常遇到持力层土质不好、下卧层土质较软弱的情况。软弱土地基或软弱下卧层，因其承载能力差，压缩变形大，上部荷载作用时不能起到应力均布扩散作用。所以，地基承载力计算时不予考虑基础宽度的修正，只做深度修正。当地基受力层范围内有软弱下卧层时，应符合下列规定

$$\gamma_{rf}(\sigma_z + \sigma_{cz}) \leqslant f_{az} \tag{7-37}$$

式中：f_{az}为软弱下卧层顶面处修正后的地基承载力特征值，kPa，可查第5章；σ_z为软弱下卧层顶面处的附加压力值，kPa，可查第5章；σ_{cz}为软弱下卧层顶面处土的自重压力，kPa；γ_{rf}为地基承载力调整系数，取$\gamma_{rf}=0.75$。

7.4 杆塔基础倾覆稳定性计算

7.4.1 电杆基础

电杆基础倾覆稳定性计算适用于基础埋深与基础实际宽度之比不小于3的情况。电杆基础分为有卡盘和无卡盘两种类型，如图7-21所示。当电杆倾覆力较小时，采用无卡盘基础；当电杆倾覆力较大时，则采用加上卡盘或加上、下卡盘的方法。

（1）无卡盘，只靠电杆埋置地下部分的被动土压力来抵抗，如图7-21（a）所示。

（2）除埋入地下部分的被动土压力外，在地面以下1/3处加上卡盘，如图7-21（b）所示。

（3）除加上卡盘外，另加下卡盘，如图7-21（c）所示。

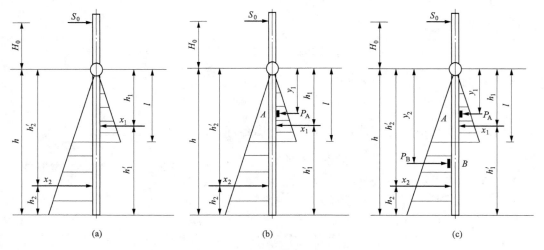

图7-21　电杆基础倾覆稳定性计算简图
(a) 无卡盘电杆；(b) 带上卡盘电杆；(c) 带上、下卡盘电杆

1. 电杆基础倾覆稳定计算的假定

（1）电杆基础在达到极限倾覆力S_u或极限倾覆力矩M_u时，假定基础侧向土达到了极限平衡状态，此时电杆基础依靠侧面的被动土压力维持平衡。

（2）假定被动土压力强度沿深度线性变化，如图7-21所示。任一深度y处的被动土压

力可按下式计算

$$X = my \tag{7-38}$$

式中：X 为被动土压力强度，kPa；m 为土压力系数，kN/m^3，$m = \gamma_s \tan^2(45° + \beta/2)$，可按表 7-3 取值；$\gamma_s$ 为土的计算容重，kN/m^3，可按表 7-3 取值；β 为土的计算内摩擦角，°，可按表 7-3 取值；y 为自设计地面起算的深度，m。

2. 不带卡盘电杆基础的倾覆稳定性计算

当电杆基础的埋深和尺寸确定后，极限倾覆力 S_u 和极限倾覆力矩 M_u 可按下式计算

$$S_u = \frac{m b_J h^2}{\mu \eta} \geqslant \gamma_f S_0 \tag{7-39}$$

$$M_u = \frac{m b_J h^3}{\mu} \geqslant \gamma_f S_0 H_0 \tag{7-40}$$

式中：h 为基础埋深，m；γ_f 为基础的附加分项系数，可按表 7-8 取值；b_J 为基础的计算宽度，m，按式 (7-42) 或式 (7-43) 计算；S_0 为作用于电杆上的倾覆力，kN；H_0 为倾覆力 S_0 的作用点到地面的高度，m。

式 (7-40) 中的倾覆力矩可由土力学被动土压力的知识导出，此处略。

式 (7-39) 和式 (7-40) 中，$\eta = \dfrac{H_0}{h}$，$\mu = \dfrac{3}{1 - 2\theta^3}$，$\theta = \dfrac{t}{h}$，$\theta$ 的值可按下式求得或表 7-11 取值

$$\theta^3 + \frac{3}{2}\theta^2 \eta - \frac{3}{4}\eta - \frac{1}{2} = 0 \tag{7-41}$$

表 7-11　　　　　　　　　　　　　　　θ、μ 的值

η	θ	μ	$\mu\eta$	η	θ	μ	$\mu\eta$
0.10	0.784	82.9	8.3	5.00	0.720	11.8	59.1
0.25	0.774	41.3	10.4	6.00	0.718	11.6	69.0
0.50	0.761	25.3	12.7	7.00	0.716	11.3	79.0
1.00	0.746	17.7	17.7	8.00	0.715	11.2	89.2
2.00	0.732	13.9	27.8	9.00	0.714	11.0	99.3
3.00	0.725	12.6	37.8	10.00	0.713	11.0	109.1
4.00	0.722	12.1	18.5				

在极限倾覆状态时，电杆基础的计算宽度 b_J 可按以下方法计算。

(1) 当基础为单基杆组成时

$$b_J = K_0 b_0 \tag{7-42}$$

式中：b_0 为电杆基础的实际宽度，m；K_0 为电杆基础的宽度增大系数，可查找规范（或手册）或由 $K_0 = 1 + \dfrac{2}{3}\xi \tan\beta \cos\left(45° + \dfrac{\beta}{2}\right) \dfrac{h}{b_0}$ 给出；ξ 为土壤的侧压力系数，黏性土取 0.72；亚黏土（粉质黏土）或亚砂土（粉质砂土）取 0.6；砂土取 0.38。

(2) 当基础为双基杆组成时（见图 7-22），当 $L \leqslant 2.5 b_0$ 时，可取下式计算的较小值

$$\begin{cases} b_J = (b_0 + L\cos\beta) K_0 \\ b_J = 2 K_0 b_0 \end{cases} \tag{7-43}$$

式中：b_0 为电杆基础的宽度或直径，m，对锥形杆取基础部分的平均值；L 为双杆基的间距，m。

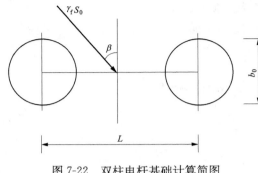

图 7-22　双柱电杆基础计算简图

3. 带上卡盘电杆基础的倾覆稳定性计算

当 $S_u < \gamma_f S_0$ 或 $M_u < \gamma_f S_0 H_0$ 时，应采取措施增强抗倾覆承载能力，一般在基础埋深 1/3 处加设上卡盘，如图 7-21（b）所示。但当地基土为冻胀土时应不设卡盘，采取防冻胀措施。

（1）卡盘的计算长度 L_1。当电杆的埋深、尺寸及卡盘位置、断面尺寸确定后，可按下式计算长度 L_1

$$L_1 = \frac{P_A}{y_1(md_1 + 2\gamma_s b_1 \tan\beta)} \tag{7-44}$$

式中：y_1 为上卡盘至设计地面的距离，m；d_1 为上卡盘的厚度，m；b_1 为上卡盘的宽度，m；P_A 为上卡盘的横向作用力设计值，kN，可按式（7-46）来计算；γ_s、m、β 为符号含义与式（7-38）和式（7-39）相同。

（2）上卡盘的实际长度 L。上卡盘的实际长度 L 可由下式确定

$$L = L_1 + b_0 \tag{7-45}$$

式中：L_1 为上卡盘的计算长度，m；b_0 为卡盘处的电杆宽度或直径，m。

（3）卡盘的横向作用力 P_A。当电杆的埋深和尺寸确定后，设上卡盘抗倾覆力为 P_A。加装上卡盘前，有 $S_u < \gamma_f S_0$，加装上卡盘后，令 $\gamma_f S_0 = S_{u1}$，则 $\gamma_f S_0 - x_1 + x_2 - P_A = 0$，得上卡盘的横向作用力 P_A，即

$$P_A = \gamma_f S_0 - mb_0 h^2\left(\theta^2 - \frac{1}{2}\right) \tag{7-46}$$

当 $y_1 = h/3$ 时，式（7-46）中的 θ 值可按下列方法求得或查表 7-12 来确定。

$$F = \frac{\gamma_f S_0(1+3\eta)}{mb_j h_t^2} = \frac{1}{2} + \theta^2 - 2\theta^3 \tag{7-47}$$

表 7-12　　　　　　　　　　　　　　　　θ、μ 的值

θ	F	θ	F	θ	F	θ	F
0.600	0.428	0.660	0.360	0.714	0.282	0.740	0.237
0.610	0.418	0.670	0.347	0.716	0.279	0.750	0.219
0.620	0.408	0.680	0.334	0.718	0.275	0.760	0.200
0.630	0.397	0.690	0.319	0.720	0.272	0.770	0.180
0.640	0.385	0.707	0.293	0.725	0.263	0.780	0.159
0.650	0.373	0.712	0.285	0.730	0.255		

4. 带上、下卡盘电杆基础的倾覆稳定性计算

当电杆受总的水平荷载过大，致使加上卡盘长度较大，卡盘结构不合理时，可加下卡盘。基础总的水平荷载 $\gamma_f S_0$ 与基础的极限倾覆力 S_u 之差 $\gamma_f S_0 - S_u$ 由上、下卡盘共同承担。

（1）上、下卡盘的计算长度 L_1 和 L_2。如图 7-21（c）所示，当电杆的埋深、尺寸及卡

盘位置、断面尺寸确定后，可由力矩平衡分别求得 P_A 和 P_B，从而可得卡盘的计算长度 L_1 和 L_2，即

$$\begin{cases} L_1 = \dfrac{P_A}{y_1(mb_1 + 2\gamma_s d_1 \tan\beta)} \\[3mm] L_2 = \dfrac{P_B}{y_2(mb_2 + 2\gamma_s d_2 \tan\beta)} \end{cases} \qquad (7\text{-}48)$$

式中：y_1、y_2 分别为上、下卡盘至设计地面的距离，m；P_A、P_B 分别为上、下卡盘的横向作用力，kN，可按式（7-50）计算；b_2、d_2 分别为下卡盘的厚度和宽度，m。

（2）上、下卡盘的实际长度 $L_上$ 和 $L_下$

$$\begin{cases} L_上 = L_1 + b_0 \\ L_下 = L_2 + b_0 \end{cases} \qquad (7\text{-}49)$$

（3）上、下卡盘的横向作用力 P_A 和 P_B。当电杆的埋深和卡盘位置确定后，可按下式计算上、下卡盘的横向作用力

$$\begin{cases} P_A = \dfrac{(\gamma_f S_0 - S_u)(H_0 + y_2)}{y_2 - y_1} \\[3mm] P_B = \dfrac{(\gamma_f S_0 - S_u)(H_0 + y_1)}{y_2 - y_1} \end{cases} \qquad (7\text{-}50)$$

式中：S_u 为无卡盘电杆基础的极限倾覆力，kN，可按式（7-39）来计算。

附录 D 给出了一些常用规格的底板及卡盘，混凝土的强度等级取 C20。

7.4.2　窄基铁塔基础

窄基铁塔基础的基坑回填土满足分层夯实的要求，即每回填 300mm，夯实 200mm；当基础埋深较深时（一般埋深不小于受力面宽度的 3.0 倍，即 $h_t \geqslant 3.0b_0$），应考虑受力面上的被动土压力的作用。假定被动土压力强度分布沿埋深直线变化，窄基铁塔基础为整体刚性基础，一般分为无台阶和有一个台阶倾覆基础两种，如图 7-23 所示。

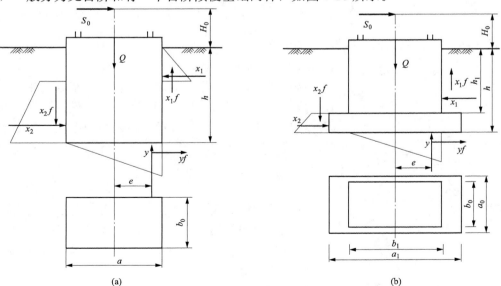

图 7-23　窄基铁塔深基础倾覆稳定性计算简图

（a）无台阶倾覆基础；（b）有一个台阶倾覆基础

1. 无台阶深基础倾覆稳定性计算

当基础埋深和截面尺寸确定后，无台阶倾覆基础极限倾覆力矩应满足以下条件

$$M_u = \frac{2}{3}Eh(1-2\theta^3) + y(e+fh) + \frac{a}{2}Ef \geqslant \gamma_f S_0 H_0 \tag{7-51}$$

$$\theta^2 = \frac{\gamma_f S_0 + Qf}{2E(1+f^2)} + \frac{1}{2} < 1$$

$$y = \frac{Q-\gamma_f S_0 f}{1+f^2} > 0，且 y 不大于 0.8[p]ab_0$$

$$E = \frac{1}{2}mb_J h^2$$

式中：e 为地基垂直反力 y 的偏心距，m，可近似取 $e = 0.4a$；b_J 为基础受力面的计算宽度，m，可按式（7-42）计算；b_0、a 分别为基础正面和侧面的宽度，m；f 为地基土与基础面的摩阻系数，取 $f = \tan\beta$；$[p]$ 为修正后地基土的容许承载力，kPa；Q 为杆塔和基础的总重力，kN。

2. 有台阶深基础倾覆稳定性计算

当基础埋深和阶梯断面尺寸确定后，其极限倾覆力矩可按下式计算

$$M_u = \frac{mh^3}{3}\left[b_p - \theta^3(b_J+b_p)\right] + y(e+fh) + \frac{E}{2}\left[(1-\theta^2)fa_1 + \theta^2 f\frac{b_J b_1}{b_p}\right] \geqslant \gamma_f S_0 H_0 \tag{7-52}$$

$$\theta^2 = \frac{(\gamma_f S_0 + Qf)b_p}{E(1+f^2)(b_J+b_p)} + \frac{b_p}{b_J+b_p} < 1 且 \theta 不小于 h_1/h$$

$$y = \frac{Q-\gamma_f S_0 f}{1+f^2} > 0，且 y 不大于 0.8[p]a_0 a_1$$

式中：Q 为杆塔和基础的总重力，kN；h_1 为基柱的埋深，m；b_p 为基础底板受力侧面的计算宽度，m，$b_p = \frac{h^2 K_0 - h_1^2 K_0'}{h^2 - h_1^2}a_0$；$K_0$、$K_0'$ 分别为以 h_t/b_0、h_1/b_0 确定的宽度增大系数，可按式（7-42）计算；a_0 为基础底板的侧面宽度，m。

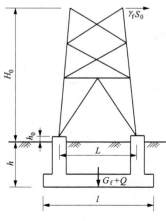

图 7-24　铁塔联合基础倾覆
稳定性计算简图

7.4.3　铁塔联合基础

铁塔联合基础（见图 7-24）即将四个基础主柱用一个底板连成整体。其特点是底板面积大，可减轻对地基的压力，因此适用于荷重较大而地基承载力较差的塔位。另一个特点是可以浅埋（一般为 1.5～2.0m），当地下水位较高时，施工排水较容易解决。

1. 计算简图

联合基础相对埋深较浅，在倾覆力作用下一般不考虑基础侧向土压力的作用。其倾覆稳定可忽略地基反力的影响，由基础（含上部垂直力）和底板正上方土的重力对底板边缘的力矩维持平衡。

2. 倾覆稳定计算

当联合基础的埋深和底板尺寸确定后，其极限倾覆力矩

可由下式计算

$$M_u = \frac{G_f + Q}{2}l \geqslant \gamma_f S_0(h + H_0) \tag{7-53}$$

式中：G_f 为基础底面正上方土的重力，kN；Q 为基础和上部铁塔的总重力，kN；l 为平行于倾覆力 S_0 方向的底板长度，m。

当基础作用力按四个塔腿分别给出时，其极限倾覆力矩 M_u 可按下式计算

$$M_u = \frac{G_f + Q}{2}l \geqslant \gamma_f \frac{\sum T(l+L) + 2\sum S(h+h_0) - \sum N(l-L)}{2} \tag{7-54}$$

式中：T、N 分别为作用于基柱顶面的上拔力和下压力设计值，kN；l 为平行于倾覆力 S_0 方向的底板长度，m；L 为平行于倾覆力 S_0 方向基柱间的距离，m；S 为作用于基柱顶面处的平行于倾覆力 S_0 方向的水平力设计值，kN；h_0 为基柱露出地面部分的高度，m。

7.5　杆塔基础强度计算和构造要求

7.5.1　钢筋混凝土基础主柱正截面承载力计算

钢筋混凝土基础主柱承载力的计算，当主柱埋置在回填土基坑内与底板固结时，可不考虑侧向土压力对内力计算的有利因素。

1. 矩形截面柱均布配筋计算

钢筋混凝土矩形截面双向偏心受拉（双向拉弯）构件（见图 7-25），其正截面为双向对称配筋时，纵向钢筋截面面积应按下式计算

$$A_s \geqslant 2T\left(\frac{1}{2} + \frac{e_{0x}}{Z_x} + \frac{e_{0y}}{Z_y}\right)\frac{\gamma_{ag}}{f_{st}} \tag{7-55}$$

$$A_{sy} \geqslant 2T\left(\frac{n_y}{n} + \frac{2e_{0y}}{n_x Z_y} + \frac{e_{0x}}{Z_x}\right)\frac{\gamma_{ag}}{f_{st}} \tag{7-56}$$

$$A_{sx} \geqslant 2T\left(\frac{n_x}{n} + \frac{2e_{0x}}{n_y Z_x} + \frac{e_{0y}}{Z_y}\right)\frac{\gamma_{ag}}{f_{st}} \tag{7-57}$$

式中：f_{st} 为钢筋抗拉强度的设计值，kN/m²，可由表 7-2 查得；T 为基础的上拔力设计值，kN；A_s 为基础主柱正截面的全部纵向钢筋截面面积，m²；A_{sx} 为基础主柱正截面平行于 x 轴的两侧钢筋的截面面积，m²；A_{sy} 为基础主柱正截面平行于 y 轴的两侧钢筋的截面面积，m²；e_{0x} 为 T 沿 x 轴方向的偏心距，m；e_{0y} 为 T 沿 y 轴方向的偏心距，m；Z_x 为平行于 y 轴两侧纵向钢筋截面面积重心间距，m；Z_y 为平行于 x 轴两侧纵向钢筋截面面积重心间距，m；n 为计算横截面内钢筋的总根数；n_x 为平行于 x 轴方向一侧钢筋的根数；n_y 为平行于 y 轴方向一侧钢筋的根数；γ_{ag} 为钢筋配筋调整系数，取 $\gamma_{ag} = 1.1$。

2. 圆形截面柱均布配筋计算

沿周边均匀配置钢筋的圆形截面偏心受拉构件，当截面内纵向钢筋数量不少于 6 根，且纵向钢筋的种类和受拉、受压的设计强度相同时，纵向钢筋截面面积应分别按大偏心或小偏心构件进行计算。

（1）当 e_0 大于计算截面中心至纵向钢筋截面中心距离 $1/2$（$e_0 > r_s/2$）时，如图 7-26 所示，截面的纵向钢筋的截面面积可按下式计算

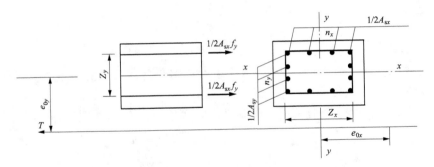

图 7-25　矩形截面双向偏心受拉正截面承载力计算简图

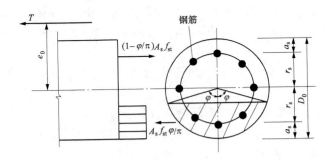

图 7-26　圆形截面偏心受拉构件（$e_0 > r_s/2$）的正截面计算简图

$$A_s = \gamma_{bg} \alpha_1 \frac{A_h f_c}{f_{st}} \tag{7-58}$$

式中：A_h 为计算截面的混凝土面积，m^2；f_c 为混凝土的轴心抗压强度设计值，kN/m^2，可查表 7-1 确定；f_{st} 为钢筋抗拉强度的设计值，kN/m^2，可查表 7-2 确定；γ_{bg} 为钢筋配筋调整系数，取 $\gamma_{bg}=1.28$；α_1 为强度系数。

$$n_1 \frac{e_0}{D_0} - \alpha_1 \left(\frac{D_0 - 2a_s}{D_0} \right) \frac{\sin\varphi}{\pi} - \frac{\sin^3\varphi}{3\pi} = 0 \tag{7-59}$$

$$\left[\alpha_1 \left(1 - \frac{2\varphi}{\pi} \right) - \frac{\varphi}{\pi} + \frac{\sin 2\varphi}{2\pi} \right] \frac{e_0}{D_0} - \alpha_1 \left(\frac{D_0 - 2a_s}{D_0} \right) \frac{\sin\varphi}{\pi} - \frac{\sin^3\varphi}{3\pi} = 0 \tag{7-60}$$

$$n_1 = 0.86 \frac{T}{A_h f_c} \tag{7-61}$$

当 $e_0/D_0 = 0.25 \sim 4.0$，$a_s = 0.05D_0 \sim 0.1D_0$ 时，α_1 可查图 7-27 确定。

（2）当 e_0 不大于计算截面中心至纵向钢筋截面中心距离 $1/2(e_0 \leqslant r_s/2)$ 时，如图 7-28 所示，可根据设计需要来计算纵向受拉钢筋的截面面积。

1）当不考虑纵向受拉钢筋应力重分布时，可按下式计算

$$A_s = \frac{1.1T}{f_{st}} \left(1 + \frac{2e_0}{r_s} \right) \tag{7-62}$$

2）当考虑纵向受拉钢筋应力重分布时，可按下式计算

$$A_s = \frac{1.1T}{f_{st}} \left(1 + \frac{1.25e_0}{r_s} \right) \tag{7-63}$$

式中：r_s 为计算截面中心至纵向钢筋截面中心的距离，m。

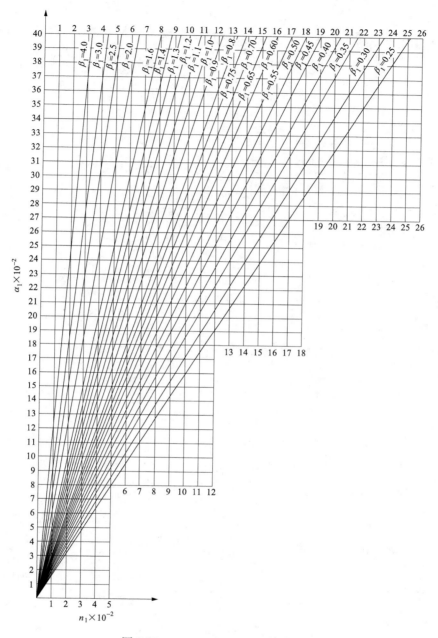

图 7-27　$\alpha_1 = f(n_1, \ \beta_1)$ 关系图

7.5.2　混凝土基础主柱正截面承载力计算

用于铁塔基础的混凝土基础有塔脚主材插入型和地脚螺栓锚固型，如图 7-29 所示。混凝土受拉构件的正截面承载力应按下式进行计算

$$\frac{T}{A_h} + \frac{M_s}{\gamma_1 W_0} \leqslant 0.59 f_t \tag{7-64}$$

式中：M_s 为作用在计算截面 x-x 上的弯矩，kN·m；f_t 为混凝土轴心抗拉强度设计值，

kN/m^2，可查表 7-1；T 为基础的上拔力设计值，kN；A_h 为计算截面的混凝土面积，m^2；W_0 为混凝土计算截面的抵抗矩，m^3；γ_1 为受拉区混凝土塑性影响系数，对于矩形截面取 $\gamma_1 = 1.55 \times \left(0.7 + \dfrac{120}{h}\right)$，对于圆形截面取 $\gamma_1 = 1.60 \times \left(0.7 + \dfrac{120}{2r}\right)$；$r$ 为圆形截面的半径，m；h 为混凝土截面的高度，m，当 $h < 0.40m$ 时，取 $h = 0.40m$；当 $h > 1.60m$ 时，取 $h = 1.60m$。

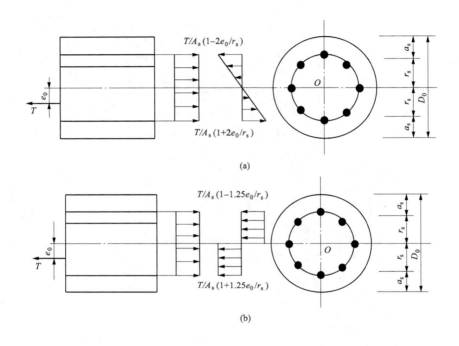

图 7-28　圆形截面偏心受拉构件（$e_0 \leqslant r_s/2$）的正截面承载力计算简图
（a）不考虑塑性分布；（b）考虑塑性分布

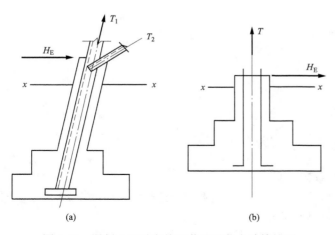

图 7-29　混凝土基础主柱正截面承载力计算简图
（a）塔脚主材锚入底板；（b）地脚螺栓锚入底板

7.5.3　地脚螺栓

1. 地脚螺栓承载力计算

承受纵向拉力的地脚螺栓，当对称布置时，单根地脚螺栓的有效面积可按下式计算

$$A_e = \frac{T}{n f_g} \qquad (7\text{-}65)$$

式中：T 为上拔力设计值，kN；n 为地脚螺栓的根数；f_g 为地脚螺栓的抗拉强度设计值，kN/m^2，可按附录 E 选用；A_e 为单根地脚螺栓的有效面积，mm，可按附录 E 选用。

单根地脚螺栓的有效面积按下式确定

$$A_e = \frac{\pi}{4} \left(d - \frac{13}{24} \sqrt{3} P \right)^2 \tag{7-66}$$

式中：d 为地脚螺栓的公称直径，mm；P 为地脚螺栓的螺距，mm。

对直接承受上拔力的地脚螺栓，其直径不宜小于 M22。此外，基础的地脚螺栓露出部分应采取防护措施，如浇筑混凝土保护帽等。

2. 锚固措施

输电铁塔基础地脚螺栓在基础主柱中的布置形式，目前通常的做法是采用同规格等长方式布置，且端部采取锚固措施。这种布置方式是目前输电线路工程中普遍采用的做法，但考虑到地脚螺栓端部锚头集中布置后，在基础上拔时对基础主柱局部受拉产生的不利影响，端部锚头宜在纵、横两个方向错开，且错开净间距不应小于 $4d$，以便分散基础主柱内地脚螺栓端部锚头平面处的集中应力，使基础主柱受力更合理。当净间距小于 $4d$ 时，应考虑群锚效应的不利影响。考虑充分利用地脚螺栓的抗拉强度，地脚螺栓锚入混凝土的最小锚固长度应按下式计算

$$l_a = 0.7 \zeta_a \alpha \frac{f_g}{f_t} d \tag{7-67}$$

式中：d 为地脚螺栓的公称直径，mm；ζ_a 为考虑地震影响的修正系数，抗震等级为四级或非抗震时取 1.00，抗震等级为三级时取 1.05，抗震等级为一级和二级时取 1.15；α 为外形系数，按光圆钢筋取 0.16。

式（7-67）中系数 0.7 是考虑地脚螺栓末端采用弯钩或机械锚固措施时，包括弯钩或锚固端头在内的锚固长度可取为基本锚固长度的 70%。对于地脚螺栓末端弯钩或机械锚固措施的选择，当螺栓直径 $d=22\sim48$mm 时，一般宜采用弯钩式（L 型或 J 型）；当螺栓直径 $d>48$mm 时，宜采用锚板式（T 型）、双头螺母型或棘爪型等端部锚固，如图 7-30 所示。

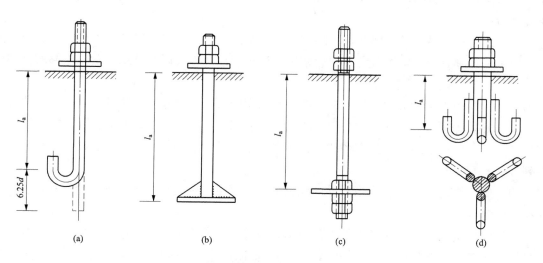

图 7-30　地脚螺栓常见锚固措施示意图
（a）弯钩式 L 型；（b）锚板式 T 型；（c）双头螺母型；（d）棘爪型

7.5.4　拉线部件的承载力计算

输电杆塔用拉线棒，其承载力计算可按下式确定

$$T_E \leqslant A_f f_{st} \tag{7-68}$$

式中：T_E 为拉线的拉力设计值，kN；A_f 为单根钢筋拉线棒的横截面面积，m^2；f_{st} 为钢筋抗拉强度设计值，kN/m^2，按表 7-2 确定。

根据以往工程设计经验，拉线棒的承载力应由单根钢筋的抗拉强度控制，若拉线棒的两端设置环形套，则应按拉环验算抗剪承载力。考虑拉线棒的自然防腐，当满足承载力设计要求时，再将拉线棒计算直径增加 2～4mm，且不小于 16mm。

拉环的承载力应按下式计算

$$T_E \leqslant 1.5 A_f f_\tau \tag{7-69}$$

式中：f_τ 为钢筋抗剪强度设计值，kN/m^2，按表 7-2 确定。

7.6　螺 旋 锚 基 础

由于具有快速安装、无需开挖、对环境友好以及可在各类气候下施工等优点，螺旋锚基础广泛应用于一些特殊岩土工程问题中（如坑壁及边坡支护、海上结构物拉索、土工测试反力装置等）。作为一种新型锚固结构，螺旋锚装置利用地下深层天然土体抗力来实现固定，通过人工或特殊施工机械在桩顶施加一定安装扭矩使之旋入天然土层中。

7.6.1　螺旋锚基础基本规定

根据《架空输电线路基础设计技术规程》（DL/T 5219—2014）和《架空输电线路螺旋锚基础设计技术规范》（Q/GDW 10584—2018）的要求，螺旋锚基础基本规定如下：

（1）螺旋锚基础宜适用于砂土、粉土、黏性土等土质条件，当无工程应用经验时，螺旋锚基础应通过单锚试验确定相关设计参数；当采用新材料或新结构形式缺乏实践经验时，应通过试验验证。

（2）螺旋锚基础设计应坚持保护环境和节约资源的原则，根据线路的地形地貌、施工条件、岩土工程勘察资料，综合考虑螺旋锚基础形式和设计方案以及施工方式，使螺旋锚基础设计达到安全、经济合理的目的。

（3）当采用人工钻进的螺旋锚基础时，宜采用混凝土承台连接地脚螺栓，螺旋锚锚深不宜大于 12m，也不宜小于 4m。螺旋锚的直径宜取 200～700mm，单根螺旋锚杆锚盘数量不宜大于 5 片。单根螺旋锚锚盘直径的变化不宜大于 3 种，应采用上大下小、盘径连续变化的排列方式。

（4）螺旋锚的材质一般采用钢材，也可采用玻璃钢、树脂、混凝土等复合材料，使用复合材料时应经过试验确定。

（5）螺旋锚基础设计应考虑地下环境的腐蚀性，宜采用镀锌或刷防腐蚀涂料、预留金属构件厚度等措施，必要时可采用阴极保护。螺旋锚金属构件宜预留 10% 的材料厚度储备余度，并且厚度不小于 1.5mm。

（6）螺旋锚基础在计算上拔稳定性时，其抗拔深度应扣除表层非原状土的厚度。

（7）螺旋锚基础混凝土承台的埋深不应小于 0.5m，在季节性冻土地区，当地基土具有冻胀性时应大于土壤的标准冻结深度。

7.6.2　螺旋锚基础的上拔稳定计算

螺旋锚基础上拔稳定可按承台、锚盘和锚杆三部分组合来进行计算，并考虑相应的组合系数，即

$$\gamma_f T \leqslant k_2 \eta_E T_t + k_1 n \left(\sum_{i=1}^n T_{pi} + T_g \right) \tag{7-70}$$

式中：γ_f 为螺旋锚基础附加分项系数，按表 7-8 取值；T 为螺旋锚基础上拔力设计值，kN；T_t 为螺旋锚基础混凝土承台上拔抗力标准值，kN；T_{pi} 为第 i 片锚盘上拔抗力标准值，kN；T_g 为锚杆杆身上拔抗力标准值，kN；η_E 为水平荷载影响系数，按表 7-4 确定；k_1 为螺旋锚上拔组合系数，单根螺旋锚取 1.0，2～3 根取 0.9，4 根取 0.85，4 根以上取 0.8，也可按式 $k_1 = T / n \left(\sum_{i=1}^n T_{pi} + T_g \right)$ 确定；k_2 为水平力组合系数，单根螺旋锚取 1，2～3 根取 0.95，4 根取 0.9，4 根以上取 0.85；n 为螺旋锚根数。

1. 锚盘的上拔承载力计算

目前，螺旋锚锚盘的上拔承载力主要采用圆柱剪切法、土重法和承载量法来进行计算。

（1）当螺旋锚锚深大于或等于 5m 时，可采用圆柱剪切法，锚盘的上拔承载力可由下式给出

$$T_{pi} \leqslant \left(0.65 D_p c h_1 + 0.4 \frac{\pi}{4} D_p \gamma_s h_1^2 \right) + Q_p \tag{7-71}$$

式中：D_p 为锚盘的直径，m；c 为土体的黏聚力，kPa；h_1 为锚盘的有效埋置深度，第 1 片锚盘的有效深度为地面至锚盘的垂直距离，第 2 片锚盘的有效深度为第 1 片至第 2 片锚盘的距离，其他以此类推，m；γ_s 为锚盘上面土的加权平均重度，kN/m³；Q_p 为锚盘自重力，kN。

（2）当螺旋锚埋深小于 5m，单根锚盘数量少于 3 片时可采用土重法计算螺旋锚锚盘的上拔承载力，即

$$\gamma_f T \leqslant \eta_E \gamma_s (V_T - \Delta V_t - V_0) + Q_p \tag{7-72}$$

式中：V_0 为 h_t 深度内的基础体积，m³；η_E 为螺旋锚水平荷载影响系数；ΔV_t 为相邻基础影响的微体积，m³；V_T 为锚盘埋置深度内土和基础的体积，m³。

采用土重法计算螺旋锚上拔承载力时，不应计算螺旋锚锚杆与土壤摩擦产生的上拔承载力。如果螺旋锚锚盘为 2 片时，计算土的体积应减去 2 片锚盘重叠的部分。

（3）承载量法计算锚盘上拔承载力。承载量法适用于螺旋锚锚深大于 10m，锚盘数量不小于 3 片的情况。

1）对于黏性土

$$T_{pi} = 0.35 \frac{\pi}{4} D_p h_1 N_u c + Q_p \tag{7-73}$$

2）对于砂土

$$T_{pi} = 0.3 \frac{\pi}{4} D_p^2 \gamma_s h_1 N_{qu} + Q_p \tag{7-74}$$

式中：N_u 为上拔承载量系数，可由表 7-13 确定；N_{qu} 为支承承载量系数，取决于土体的相对密度，松土时可取 8，密实土时可取 20。

表 7-13   上拔承载量系数 N_u

锚盘位置	锚盘埋深（m）	上拔承载量系数 N_u
第 1 片锚盘	3～6	4
第 2 片锚盘	6～9	5
第 3 片锚盘	9～12	6
第 4 片锚盘	12～16	6

2. 锚杆的上拔承载力计算

螺旋锚单根锚杆的上拔承载力可由下式确定，即

$$T_g = 0.5\pi D_g H_g q_{sm} \tag{7-75}$$

式中：D_g 为单根锚杆的直径，m；H_g 为单根锚杆的长度，m；q_{sm} 为土体的平均侧摩擦阻力，kPa，对于淤泥，取 10～12kPa；对于淤泥质土，取 15～18kPa；对于黏性土，取 18～26kPa。

7.6.3 螺旋锚基础下压和地基计算

螺旋锚基础的下压稳定由承台、锚盘和锚杆三部分来承担。当螺旋锚锚盘数量不超过 3 片且埋深小于 10m 时，螺旋锚锚盘压力可由式（7-76）给出；但当锚盘数量多于 3 片，埋深大于 10m 时或当锚盘布置比较复杂时应通过试验来确定。

当轴心荷载作用时，锚盘底面压力为

$$p_{mp} = \frac{F_p + \gamma_G G_p}{A_p} \tag{7-76}$$

式中：p_{mp} 为锚盘底面处的平均压力设计值，kPa；F_p 为上部结构传至锚盘顶面的竖向压力设计值，kN；G_p 为锚盘的自重，kN；A_p 为锚盘底面面积，m²；γ_G 为永久荷载分项系数，对基础有利时取 1.0，不利时取 1.2。

锚盘底面压力应符合下式要求

$$\gamma_{rf} p_{mp} \leqslant f_a \tag{7-77}$$

式中：γ_{rf} 为地基承载力调整系数，取 0.75；f_a 为修正后的地基承载力特征值，kPa。

螺旋锚基础的地基承载力可由下面的方法来确定：

（1）锚盘的地基承载力特征值应由荷载试验或其他原位测试、计算并结合工程实践经验等综合确定。

（2）对于比较复杂的螺旋锚基础，地基承载力应通过试验来确定。

（3）悬垂型杆塔的地基承载力特征值可由下式给出

$$f_a = 0.8 M_b \gamma D_p + M_d \gamma_m h_p + M_c c \tag{7-78}$$

式中：M_b、M_d、M_c 为承载力系数，按第 5 章表 5-4 确定；D_p 为锚盘的直径，m；h_p 为锚盘埋置深度，m；c 为锚盘底下 1 倍锚盘直径深度内土的黏聚力值，kPa。

7.6.4　螺旋锚构件的强度计算

当螺旋锚基础未采用混凝土承台，而采用钢结构与铁塔连接时，应按受弯构件计算、验算螺旋锚基础各构件的内力、强度、整体稳定和局部稳定。

（1）轴心受拉锚杆构件和轴心受压构件，应按下式计算

$$\sigma = \frac{N}{A_n} \leqslant f_g \tag{7-79}$$

式中：σ 为轴心受拉构件或轴心受压构件的强度，MPa；N 为轴心拉力或轴心压力设计值，kN；A_n 为锚杆的净面积，m^2，$A_n = 0.95\pi(D^2 - d^2)/4$；$f_g$ 为螺旋锚构件材料的抗拉或抗压强度设计值，MPa。

（2）锚杆抗拉力或抗压力可按下式进行计算

$$F_q = f_g A_n \tag{7-80}$$

式中：F_q 为螺旋锚锚杆的抗拉力或抗压力，kN。

（3）螺旋锚的安装扭矩可由下式给出

$$M_A = n_s T_s L_s \tag{7-81}$$

式中：M_A 为螺旋锚施工安装扭矩，kN·m；n_s 为螺旋锚施工钻进单个加力器的数量；T_s 为螺旋锚施工钻进单个加力器的最大扭力，kN；L_s 为螺旋锚施工钻进加力器的力臂长度，m。

7.7　铁塔灌注桩基础

钻（挖）孔灌注桩基础（简称桩基础）是一种能适应各种地质条件的基础。由于它具有承载力高、稳定性好、沉降稳定快、抗震性能好以及能适应各种复杂地质条件等特点，因此桩基础在输电线路工程中得到广泛应用。按桩的结构布置，桩基础分为单桩和群桩；按桩的承台位置或埋置特点，桩基础分为低桩和高桩基础，选用时应根据杆塔基础的设计荷载、地质和水文情况、施工工艺等条件确定。

7.7.1　桩基竖向荷载计算

（1）轴心竖向力作用下所受压力为

$$N = \frac{F + G}{n} \tag{7-82}$$

（2）偏心竖向力作用下所受压力为

$$N_i = \frac{F + G}{n} \pm \frac{M_x y_i}{\sum y_i^2} \pm \frac{M_y x_i}{\sum x_i^2} \tag{7-83}$$

式中：N 为荷载效应标准组合轴心竖向力作用下，任一基桩或复合基桩的平均竖向力（当为负值时为拉力），kN；N_i 为荷载效应标准组合偏心竖向力作用下，第 i 基桩或复合基桩的竖向力（当为负值时为拉力），kN；F 为荷载效应标准组合下，作用于桩基顶面的竖向力设计值（下压时取正值，上拔时取负值），kN；n 为桩基中的桩数；M_x、M_y 为荷载效应标准组合下，作用于承台底面，绕通过桩群形心的 x、y 轴的力矩设计值，kN·m；x_i、y_i 分别为第 i 基桩或复合基桩至通过桩群形心 y、x 轴的距离，m。

式（7-82）和式（7-83）适用于水平力较小时，桩基竖向荷载的计算。

7.7.2　桩下压承载力计算

1. 单桩竖向承载力标准值

（1）根据土的物理指标与承载力参数之间的关系，可确定单桩竖向极限承载力标准值

$$Q_{uk} = Q_{sk} + Q_{pk} = u \sum q_{sik} l_i + q_{pk} A_p \qquad (7\text{-}84)$$

式中：Q_{uk} 为单桩下压极限承载力标准值，kN；Q_{sk}、Q_{pk} 分别为单桩总极限侧阻力和总极限端阻力标准值，kN；u 为桩身的设计周长，m；q_{sik} 为桩侧第 i 层的极限侧阻力标准值，kN/m²，如无当地经验值时，可按表 7-14 取值；l_i 为桩周在第 i 层土中的厚度，m；q_{pk} 为极限端阻力标准值，kN/m²，如无当地经验取值时，按表 7-15 取值；A_p 为桩身的横截面面积，m²。

表 7-14　　　　　　　　　桩的极限侧阻力标准值 q_{sik}　　　　　　　　　kPa

土的名称	土的状态	混凝土预制桩	泥浆护壁钻（冲）孔桩	干作业钻孔桩
填土	—	22～30	20～28	20～28
淤泥	—	14～20	12～18	12～18
淤泥质土	—	22～30	20～28	20～28
黏性土	$I_L>1$	24～40	21～38	21～38
	$0.75<I_L\leqslant1$	40～55	38～53	38～53
	$0.50<I_L\leqslant0.75$	55～70	53～68	53～66
	$0.25<I_L\leqslant0.50$	70～86	68～84	66～82
	$0<I_L\leqslant0.25$	86～98	84～96	82～94
	$I_L\leqslant0$	98～105	96～102	94～104
红黏土	$0.70<\alpha_w\leqslant1$	13～32	12～30	12～30
	$0.50<\alpha_w\leqslant0.70$	32～74	30～70	30～70
粉土	$e>0.90$	26～46	24～42	24～42
	$0.75\leqslant e\leqslant0.90$	46～66	42～62	42～62
	$e<0.75$	66～88	62～82	62～82
粉细砂	稍密	24～46	24～42	24～42
	中密	46～66	42～62	42～62
	密实	66～88	62～82	62～82
中砂	中密	54～74	53～72	53～72
	密实	74～95	72～94	70～94
粗砂	中密	74～95	74～95	76～98
	密实	95～116	95～116	98～120
砾砂	稍密	70～110	50～90	60～100
	中密（密实）	116～138	116～130	112～130
圆砾、角砾	中密、密实	160～200	135～150	135～150
碎石、卵石	中密、密实	200～300	140～170	150～170

注　1. 对尚未完成自重固结填土和以生活垃圾为主的杂填土，不计其侧阻力。

　　2. α_w 为含水比，$\alpha_w = \omega/\omega_L$，$\omega$ 为土的天然含水率，ω_L 为土的液限。

表 7-15

桩的极限端阻力标准值 q_{pk}　　　　kPa

土名称	土的状态	混凝土预制桩桩长 l(m) $l\le9$	$9<l\le16$	$16<l\le30$	$l>30$	泥浆护壁钻(冲)孔桩桩长 l(m) $5\le l<10$	$10\le l<15$	$15\le l<30$	$30\le l$	干作业钻孔桩桩长 l(m) $5\le l\le10$	$10\le l\le15$	$15\le l$
黏性土	软塑 $0.75<I_L\le1$	210~850	650~1400	1200~1800	1300~1900	150~250	250~300	300~450	300~450	200~400	400~700	700~950
	可塑 $0.50<I_L\le0.75$	850~1700	1400~2200	1900~2800	2300~3600	350~450	450~600	600~750	750~800	500~700	800~1100	1000~1600
	硬可塑 $0.25<I_L\le0.50$	1500~2300	2300~3300	2700~3600	3600~4400	800~900	900~1000	1000~1200	1200~1400	850~1100	1500~1700	1700~1900
	硬塑 $0<I_L\le0.25$	2500~3800	3800~5500	5500~6000	6000~6800	1100~1200	1200~1400	1400~1600	1600~1800	1600~1800	2200~2400	2600~2800
粉土	中密 $0.75\le e\le0.9$	950~1700	1400~2100	1900~2700	2500~3400	300~500	500~650	650~750	750~850	800~1200	1200~1400	1400~1600
	密实 $e<0.75$	1500~2600	2100~3000	2700~3600	3600~4400	650~900	750~950	900~1100	1100~1200	1200~1700	1400~1900	1600~2100
粉砂	稍密 $10<N\le15$	1000~1600	1500~2300	1900~2700	2100~3000	350~500	450~600	600~700	650~750	500~950	1300~1600	1500~1700
	中密、密实 $N>15$	1400~2200	2100~3000	3000~4500	3800~5500	600~750	750~900	900~1100	1100~1200	900~1000	1700~1900	1700~1900
细砂	中密、密实 $N>15$	2500~4000	3600~5000	4400~6000	5300~7000	650~850	900~1200	1200~1500	1500~1800	1200~1600	2000~2400	2400~2700
中砂	中密、密实 $N>15$	4000~6000	5500~7000	6500~8000	7500~9000	850~1050	1100~1500	1500~1900	1900~2100	1800~2400	2800~3800	3600~4400
粗砂	中密、密实 $N>15$	5700~7500	7500~8500	8500~10000	9500~11000	1500~1800	2100~2400	2400~2600	2600~2800	2900~3600	4000~4600	4600~5200
砾砂	$N>15$	6000~9500		9000~10500		1400~2000		2000~3200		3500~5000		
角砾、圆砾	中密、密实 $N_{63.5}>10$	7000~10000		9500~11500		1800~2200		2200~3600		4000~5500		
碎石、卵石	中密、密实 $N_{63.5}>10$	8000~11000		10500~13000		2000~3000		3000~4000		4500~6500		

注　砂土和碎石类土中桩的极限端阻力取值，要综合考虑土的密实度，桩端进入持力层的深度比 h_b/d，h_b/d 越大，土越密实，取值越高。

（2）按土的物理指标与承载力参数之间的经验关系，确定大直径（$d \geqslant 800\text{mm}$）单桩竖向极限承载力标准值计算式如下

$$Q_{uk} = Q_{sk} + Q_{pk} = u\Sigma\psi_{si}q_{sik}l_{si} + \psi_{p}q_{pk}A_{p} \tag{7-85}$$

式中：u 为桩身的设计周长，m，当人工挖孔桩桩周护壁为振捣密实的混凝土时，桩身周长可按护壁外直径计算；q_{sik} 为桩侧第 i 层的极限侧阻力标准值，kN/m^2，可按表 7-14 取值；q_{pk} 为桩径为 800mm 的极限端阻力标准值，可采用深层荷载板实验确定，当不能进行深层荷载板实验时，可采用当地经验值或可按表 7-15 取值，对于干作业（彻底干净）可按表 7-16 取值；ψ_{si}、ψ_{p} 为分别为大直径桩侧阻、端阻尺寸效应系数，可按表 7-17 取值。

表 7-16　　　　　干作业（彻底干净，$d=800\text{mm}$）极限端阻力标准值 q_{pk}　　　　　kPa

土名称		状态		
黏性土		$0.25 < I_L \leqslant 0.75$	$0 < I_L \leqslant 0.25$	$I_L \leqslant 0$
		800~1800	1800~2400	2400~3000
粉土			$0.75 < e \leqslant 0.90$	$e \leqslant 0.75$
			1000~1500	1500~2000
砂土、碎石类土		稍密	中密	密实
	粉砂	500~700	800~1100	1200~2000
	细砂	700~1100	1200~1800	2000~2500
	中砂	1000~2000	2200~3200	3500~5000
	粗砂	1200~2200	2500~3500	4000~5500
	砾砂	1400~2400	2600~4000	5000~7000
	圆砾、角砾	1600~3000	3200~5000	6000~9000
	卵石、碎石	2000~3000	3300~5000	7000~11000

注　1. 当进入持力层深度分别为 $h_b \leqslant d$，$d < h_b < 4d$，$h_b \geqslant 4d$ 时，q_{pk} 可分别取低、中、高值。

　　2. 砂土密实度可根据贯击数 N 判定：$N \leqslant 10$，为松散；$10 < N \leqslant 15$，为稍密；$15 < N \leqslant 30$，为中密；$N > 30$，为密实。

　　3. 当对沉降要求不严时，q_{pk} 取高值。

表 7-17　　　　　　　大直径桩侧阻、端阻尺寸效应系数 ψ_{si}、ψ_{p}

土类别	黏性土、粉土	砂土、碎石类土
ψ_{si}	$\left(\dfrac{0.8}{d}\right)^{1/5}$	$\left(\dfrac{0.8}{d}\right)^{1/3}$
ψ_{p}	$\left(\dfrac{0.8}{D}\right)^{1/4}$	$\left(\dfrac{0.8}{D}\right)^{1/3}$

注　D 为桩端直径，d 为桩的直径。对于等直径桩，$D=d$。

2. 基桩或复合基桩竖向承载力特征值

（1）单桩竖向承载力特征值 R_a，可由下式确定

$$R_a = \frac{Q_{uk}}{K} \tag{7-86}$$

式中：R_a 为单桩竖向承载力特征值，kN；K 为安全系数，取 $K=2$。

（2）基桩竖向承载力特征值 R。

对于端承型桩基、桩数小于 4 的摩擦型柱下独立桩基或由于地层土性、使用条件等因素不宜考虑承台效应时,基桩竖向承载力特征值取单桩竖向承载力特征值。

(3) 复合基桩竖向承载力特征值 R。

当不考虑地震作用时

$$R = R_a + \eta_c f_{ak} A_c \tag{7-87}$$

当考虑地震作用时

$$R = R_a + \frac{\zeta_a}{1.25} \eta_c f_{ak} A_c \tag{7-88}$$

$$A_c = (A - n A_{ps})/n \tag{7-89}$$

式中:η_c 为承台效应系数,可按表 7-18 取值;ζ_a 为地基抗震承载力调整系数;f_{ak} 为承台下 1/2 承台宽度且不超过 5m 深度范围内各层土的地基承载力特征值按厚度加权的平均值,kPa;A 为承台计算域面积,对于杆塔地基,A 为承台总面积,m^2;A_c 为计算基桩所对应的承台底净面积,m^2;A_{ps} 为桩身截面面积,m^2。

当承台底为可液化土、湿陷性土、高灵敏度软土、欠固结土、新填土时,沉桩引起超孔隙水压力和土体隆起时,可不考虑承台效应,取 $\eta_c = 0$。

表 7-18 　　　　　　　　　　　　　　　　　承台效应系数 η_c

B_c/l ＼ s_a/d	3	4	5	6	＞6
≤0.4	0.06~0.08	0.14~0.17	0.22~0.26	0.32~0.38	
0.4~0.8	0.08~0.10	0.17~0.20	0.26~0.30	0.38~0.44	0.50~0.80
＞0.8	0.10~0.12	0.20~0.22	0.30~0.34	0.44~0.50	
单排桩条形承台	0.15~0.18	0.25~0.30	0.38~0.45	0.50~0.60	

注　1. 表中 s_a/d 为桩中心距与桩径之比,B_c/l 为承台宽度与桩长之比,当基桩为非正方形排布时,$s_a = \sqrt{A/n}$(A 为承台计算域面积,n 为总桩数)。

2. 对于桩布置于墙下的箱、筏承台,η_c 可按单排桩条基取值。

3. 对于单排桩条形承台,当承台宽度小于 $1.5d$ 时,η_c 按非条形承台取值。

4. 对于采用后注浆灌注桩的承台,η_c 宜取低值。

3. 基桩或复合基桩承载力计算

(1) 荷载效应标准组合。单桩及轴心下压力作用下桩基中的基桩或复合基桩应满足

$$\gamma_f N \leqslant R \tag{7-90}$$

偏心下压力作用下桩基中的基桩或复合基桩,除满足式 (7-90) 外,还应满足

$$\gamma_f N_{max} \leqslant 1.2R \tag{7-91}$$

(2) 地震作用效应和荷载效应标准组合。单桩及轴心下压力作用下桩基中的基桩或复合基桩应满足

$$\gamma_f N_E \leqslant 1.25R \tag{7-92}$$

偏心下压力作用下桩基中的基桩或复合基桩,除满足式 (7-92) 外,还应满足

$$\gamma_f N_{Emax} \leqslant 1.5R \tag{7-93}$$

式中:R 为桩基中基桩或复合基桩的下压承载力特征值,kPa;γ_f 为基础的附加分项系数,可按表 7-8 取值;N 为荷载效应标准组合轴心竖向力作用下,基桩或复合基桩的平均竖向

力，kN；N_{max}为荷载效应标准组合偏心竖向力作用下，桩顶最大竖向力，kN；N_E为地震作用效应和荷载效应组合下，基桩或复合基桩的平均竖向力，kN；N_{Emax}为地震作用效应和荷载效应组合下，基桩或复合基桩的最大竖向力，kN。

7.7.3 桩基上拔承载力计算

1. 桩基抗上拔承载力标准值的计算

(1) 群桩呈非整体破坏时，基桩的抗拔极限承载力标准值可由下式确定

$$T_{uk} = \Sigma \lambda_i q_{sik} u_i l_i \tag{7-94}$$

式中：T_{uk}为基桩抗拔极限承载力标准值，kN；λ_i为抗拔系数，可按表 7-19 取值；l_i为单桩在第 i 层土中的桩长，m；u_i为桩身周长，m，对于等直径桩取 $u = \pi d$，对于扩底桩可按表 7-20 取值。

表 7-19 抗拔系数 λ_i

土类	λ_i值
砂土	0.50~0.70
黏性土、粉土	0.70~0.80

注 桩长 l 与桩直径 d 之比小于 20 时，λ_i取小值。

表 7-20 扩底桩破坏表面周长 u_i

自桩底算起的长度 l_i	≤(4~10)d	>(4~10)d
u_i	πD	πd

注 l_i对于软土取低值，对于卵石、砾石取高值；l_i随内摩擦角增大而增加。

(2) 群桩呈整体破坏时，桩基的上拔极限承载力标准值可由下式确定

$$T_{gk} = \frac{1}{n} u_1 \Sigma \lambda_i q_{sik} l_i \tag{7-95}$$

式中：u_1为桩群外围周长，m。

2. 桩基上拔承载力验算

单桩及桩基中基桩的上拔承载力计算应按下式进行验算。

(1) 荷载效应标准组合：

单桩应满足

$$\gamma_f T_k \leqslant \frac{T_{uk}}{K} + G_p \tag{7-96}$$

桩基中的基桩应满足以下两式

$$\gamma_f T_{kmax} \leqslant \frac{T_{uk}}{K} + G_p \tag{7-97}$$

$$\gamma_f T_k \leqslant \frac{T_{gk}}{K} + G_{gp} \tag{7-98}$$

(2) 地震作用效应组合：

单桩应满足

$$\gamma_f T_k \leqslant 1.25 \left(\frac{T_{uk}}{K} + G_p \right) \tag{7-99}$$

桩基中的基桩应满足式（7-100）、式（7-101）

$$\gamma_{f} T_{kmax} \leqslant 1.25\left(\frac{T_{uk}}{K} + G_{p}\right) \tag{7-100}$$

$$\gamma_{f} T_{k} \leqslant 1.25\left(\frac{T_{gk}}{K} + G_{gp}\right) \tag{7-101}$$

式中：T_{k} 为按荷载效应标准组合计算的单桩或基桩的上拔力，kN；T_{gk} 为群桩呈整体破坏时基桩的上拔极限承载力标准值，kN；G_{p} 为单桩（土）或基桩（土）自重设计值，地下水位以下取浮重度，对于扩底桩应按表 7-20 确定桩、土柱体周长，计算桩、土自重，kN；G_{gp} 为群桩基础所包围体积的桩土总自重设计值除以总桩数，地下水位以下取浮重度，kN；K 为安全系数，取 $K=2$。

7.7.4　桩水平承载力和位移计算

输电铁塔的灌注桩基础均为受水平力作用的单桩及桩基，单桩或基桩的内力和位移计算以及桩基础基柱的桩顶荷载效应计算应该按考虑承台、基桩协同工作和土的弹性抗力共同作用的方法来进行。假设条件如下：

（1）将土体视为弹性变形介质，在地面处水平抗力系数为 0。对于低承台桩基，假定桩顶标高处的水平抗力系数为 0 并随深度线性增加（称为"m 法"）。

（2）在水平力和竖向压力作用下，基桩、承台表面上任一点的接触应力与该点的法向位移成正比。

（3）忽略桩身、承台侧面与土之间的黏着力和摩擦力对水平抗力的作用。

（4）假定桩顶与承台刚性连接，承台的刚度无穷大。另外，计算中考虑土的弹性抗力时，要注意土体的稳定性。

桩的水平变形系数 $\alpha(m^{-1})$ 可由下式确定

$$\alpha = \sqrt[5]{\frac{mb_{0}}{EI}} \tag{7-102}$$

式中：m 为桩侧地基土水平抗力系数的比例系数，kN/m^{4}，可查表 7-21；EI 为桩身抗弯刚度，$kN \cdot m^{2}$；b_{0} 为桩身的计算宽度，m。

对于圆形桩，当直径 $d \leqslant 1m$ 时，$b_{0} = 0.9(1.5d+0.5)$；当直径 $d > 1m$ 时，$b_{0} = 0.9(d+1)$。

对于方形桩，当边长 $b \leqslant 1m$ 时，$b_{0} = 1.5b+0.5$；当边长 $b > 1m$ 时，$b_{0} = b+1$。

表 7-21　　　　　　　　　　地基土水平抗力系数的比例系数 m 值

序号	土类别	预制桩、钢桩		灌注桩	
		$m(\times 10^{3} kN/m^{4})$	相应单桩在地面处水平位移（mm）	$m(\times 10^{3} kN/m^{4})$	相应单桩在地面处水平位移（mm）
1	淤泥；淤泥质土；饱和湿陷性黄土	2～4.5	10	2.5～6	6～12
2	流塑（$I_{L} > 1$）、软塑（$0.7 < I_{L} \leqslant 1$）状黏性土；$e > 0.9$ 粉土；松散粉细砂；松散、稍密填土	4.5～6.0	10	6～14	4～8

续表

序号	土类别	预制桩、钢桩		灌注桩	
		$m(\times 10^3 \text{kN/m}^4)$	相应单桩在地面处水平位移（mm）	$m(\times 10^3 \text{kN/m}^4)$	相应单桩在地面处水平位移（mm）
3	可塑（$0.25 < I_L \leqslant 0.75$）状黏性土、湿陷性黄土；$e = 0.75 \sim 0.9$ 粉土；中密填土；稍密细砂	$6.0 \sim 10$	10	$14 \sim 35$	$3 \sim 6$
4	硬塑（$0 < I_L \leqslant 0.25$）、坚硬（$I_L \leqslant 0$）状黏性土、湿陷性黄土；$e < 0.75$ 粉土；中密的中粗砂；密实老填土	$10 \sim 22$	10	$35 \sim 100$	$2 \sim 5$
5	中密、密实的砾砂、碎石类土			$100 \sim 300$	$1.5 \sim 3$

注　1. 当桩顶水平位移大于表列数值或灌注桩配筋率较高（$\geqslant 0.65\%$）时，m 值应适当降低。

　　2. 当水平荷载为长期或经常出现的荷载时，应将表列数值乘以 0.4 降低采用。

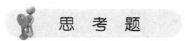

（扫一扫查看参考答案）

1. 输电杆塔基础的分类标准有哪些，如何分类？

2. 试简述装配式基础的优缺点？

3. 试简述输电杆塔基础设计的基础构造要求？

4. 确定输电线路杆塔基础的埋置深度需要考虑哪些因素？

5. 请简述铁塔基础上拔稳定和抗压稳定时需满足的安全条件有哪些要求？

6. 上拔基础稳定计算包括哪些内容，拉线盘与台阶式基础在上拔验算时有何不同？

7. 原状土掏挖基础的特点是什么？

8. 普通基础的上拔稳定性计算的方法主要有哪两种？这两种方法各自的适用条件是什么？

9. 试简述杆塔基础倾覆稳定性的分析方法，并对其稳定性条件做出具体说明？

10. 螺旋锚基础有哪些优点，该基础的适用条件是什么？

11. 螺旋锚基础的上拔稳定性计算需要考虑哪些因素的影响？

12. 钻孔灌注桩基础在输电线路工程中应用时有哪些优点？

第8章 输电线路典型基础设计算例

8.1 拉线盘和电杆基础

8.1.1 拉线杆塔基础概述

由于拉线杆塔具有重量轻、工程造价低、环保和施工方便等优点，在输电线路工程中得到广泛应用。拉线杆塔主要通过拉线将力传递给埋置于地下的拉线盘，靠该结构保证输电杆塔在服役过程中不倾覆和不上拔，使整条线路安全可靠、耐久地运行。

（例题讲解视频）

拉线盘的稳定性主要包括上拔稳定计算和水平方向的稳定计算，电杆基础主要是抗倾覆稳定性计算。

8.1.2 拉线盘算例

1. 已知条件

（1）工程地质条件：土壤为一般黏性土，处于可塑性状态，土的计算容重 $\gamma_s = 16\text{kN/m}^3$，上拔角 $\alpha = 20°$，土压力系数 $m = 48\text{kN/m}^3$，计算内摩擦角 $\beta = 30°$，地面以上有 0.3m 的耕土层。

（2）基础作用力：拉线拉力设计值 $T = 64\text{kN}$，埋深 $h = 2.5\text{m}$，拉线盘自重 $Q_f = 4.5\text{kN}$，拉线与地面夹角 $\omega = 50°$，拉线盘上平面与铅垂方向的夹角 $\omega_1 = \omega = 50°$。

（3）其他。拉线盘规格为 1.2m×0.6m×0.22m，适用于输电线路拉线直线杆塔。

2. 拉线盘的上拔及水平稳定性验算

（1）基本参数：上拔力 $T_y = T\sin\omega = 64\sin50° = 49\text{kN}$，水平力 $T_x = T\cos\omega = 41.14\text{kN}$。由于为拉线直线杆塔，查表 7-8 可得基础附加分项系数为 $\gamma_f = 1.1$。土的计算容重 $\gamma_s = 16\text{kN/m}^3$，上拔角 $\alpha = 20°$，土压力参数 $m = 48\text{kN/m}^3$，计算内摩擦角 $\beta = 30°$。

（2）拉线盘上拔稳定计算。

上拔深度为 $h_t = 2.5 - 0.3 = 2.2(\text{m})$

由于 $l/b = 1.2/0.6 = 2 < 3$，查表 7-10 可知，$D = 0.6(l+b)$，则临界深度为

$$h_c = 1.5D = 1.5 \times 0.6 \times (1.2+0.6) = 1.62(\text{m}) < h_t = 2.2\text{m}$$

采用式（7-22）计算抗拔土的体积 V_T 为

$$V_T = h_c\left[bl\sin\omega_1 + (b\sin\omega_1 + l)h_c\tan\alpha + \frac{4}{3}h_c^2\tan^2\alpha\right] + bl(h_t - h_c)\sin\omega_1$$

$$= 1.62 \times \left[0.6 \times 1.2 \times \sin50° + (0.6 \times \sin50° + 1.2) \times 1.62 \times \tan20° + \frac{4}{3} \times \right.$$

$$\left. 1.62^2 \times \tan^2 20°\right] + 0.6 \times 1.2 \times (2.2 - 1.62)\sin50°$$

$$= 3.55(\text{m}^3)$$

$$\gamma_f T_y = 1.1 \times 49 = 54\text{kN} < V_T\gamma_s + Q_f = 3.55 \times 16 + 4.5 = 61.3(\text{kN})$$

所以，上拔稳定性验算合格。

（3）水平稳定性验算。由于拉线盘斜放，被动土抗力为

$$x_1=mh_tlt=\gamma_s\tan^2\left(45°+\frac{\beta}{2}\right)h_tlb\cos\omega_1=48\times2.2\times1.2\times0.6\times\cos50°=48.87(kN)$$

由垂直分力 T_y 产生的水平抗力为

$$T_1=T\sin\omega f=T\sin\omega\tan\beta=64\times\sin50°\times\tan30°=28.3(kN)$$

$$x=x_1+T_1=48.87+28.3=77.17(kN)\geqslant\gamma_fT\cos\omega=1.1\times41.14=45.25(kN)$$

所以，水平稳定性验算合格。

8.1.3 电杆基础算例

1. 已知条件

（1）工程地质条件：土壤为中砂土，其容重 $\gamma_s=17kN/m^3$，计算内摩擦角 $\beta=35°$，土压力系数 $m=63kN/m^3$。

（2）基础作用力：已知大风工况下，水平荷载的合力 $S_0=7.2kN$，其合力作用点高度 $H_0=12.6m$，电杆埋深 $h=2.8m$，电杆腿部外径 $D=0.47m$。

2. 无拉线电杆基础的倾覆稳定性验算

（1）抗倾覆稳定验算。

1）基础的计算宽度 b_J 为

$$\frac{h}{b_0}=\frac{2.8}{0.47}=5.96$$

$$K_0=1+\frac{2}{3}\xi\tan\beta\cos\left(45°+\frac{\beta}{2}\right)\frac{h}{b_0}$$

$$=1+\frac{2}{3}\times0.38\times\tan35°\cos\left(45°+\frac{35°}{2}\right)\times5.96=1.488$$

则 $b_J=K_0b_0=0.699(m)$

2）计算 μ。由于 $\eta=\frac{H_0}{h}=\frac{12.6}{2.8}=4.5$，查表 7-11，可得 $\mu=11.95$，则

$$M_u=\frac{mb_Jh_0^3}{\mu}=\frac{63\times0.699\times2.8^3}{11.95}=80.9(kN\cdot m)$$

$$S_u=\frac{M_u}{H_0}=\frac{80.9}{12.6}=6.42(kN)$$

3）抗倾覆稳定验算。查表 7-8，可得基础附加分项系数 $\gamma_f=1.1$，则

$$\gamma_fH_0S_0=1.1\times12.6\times7.2=99.79(kN\cdot m)>M_J=25.56(kN\cdot m)$$

因此，需要加卡盘来保持电杆的倾覆稳定性。

（2）加上卡盘后的抗倾覆稳定验算。

1）设卡盘位置 $y_1=\frac{h}{3}=\frac{2.8}{3}=0.93m$，并选择卡盘截面为 $b\times d=0.3m\times0.25m$。

2）求 θ。

由于 $$F=\frac{\gamma_fS_0(1+3\eta)}{mb_Jh_t^2}=\frac{1.1\times7.2\times(1+3\times4.5)}{63\times0.699\times2.8^2}=0.33$$

查表 7-12，得 $\theta=0.68$。

3）计算上卡盘的横向作用力 P_A 为

$$P_A = \gamma_f S_0 - mb_0 h^2 \left(\theta^2 - \frac{1}{2}\right) = 1.1 \times 7.2 - 63 \times 0.47 \times 2.8^2 \left(0.68^2 - \frac{1}{2}\right) = 16.65 (\text{kN})$$

4）计算卡盘长度。

卡盘的截面尺寸为 $b \times d = 0.3 \times 0.25$，则

$$L_1 = \frac{P_A}{y_1(mb_1 + 2\gamma_s d_1 \tan\beta)} = \frac{16.65}{0.93 \times (63 \times 0.3 + 2 \times 17 \times 0.25 \times \tan 35°)} = 0.72 (\text{m})$$

5）卡盘实际长度为

$$L = L_1 + D = 0.72 + 0.47 = 1.19 (\text{m})$$

查附录 D 可知，仅用上卡盘结构不太合理，因此需要加下卡盘。

（3）加上、下卡盘后的抗倾覆稳定验算。

1）下卡盘位置 $y_2 = h - \dfrac{b}{2} = 2.8 - \dfrac{0.3}{2} = 2.65 (\text{m})$

利用公式 $\begin{cases} P_A = \dfrac{(\gamma_f S_0 - S_u)(H_0 + y_2)}{y_2 - y_1} \\[3mm] P_B = \dfrac{(\gamma_f S_0 - S_u)(H_0 + y_1)}{y_2 - y_1} \end{cases}$，可得 $P_A = 13.23$ (kN)，$P_B = 11.8$ (kN)。

2）卡盘长度计算。

利用公式 $\begin{cases} L_1 = \dfrac{P_A}{y_1(mb_1 + 2\gamma_s d_1 \tan\beta)} \\[3mm] L_2 = \dfrac{P_B}{y_2(mb_2 + 2\gamma_s d_2 \tan\beta)} \end{cases}$，可得 $L_1 = 0.57$ (m)，$L_2 = 0.179$ (m)

所以，上卡盘长度为 $L_上 = L_1 + b_0 = 1.04\text{m}$。可选择规格为 $1.0\text{m} \times 0.3\text{m} \times 0.25\text{m}$ 卡盘。

下卡盘长度为 $L_下 = L_2 + b_0 = 0.649\text{m}$，可选择规格为 $1.0\text{m} \times 0.3\text{m} \times 0.25\text{m}$ 下卡盘。

8.2 直柱台阶式基础

（例题讲解视频）

8.2.1 台阶式基础的特点

台阶式基础是输电线路中最常用的基础形式，也是应用较早的基础形式之一。其特点是大开挖，采用模板浇制，以夯实的回填土构成抗拔土体来保持基础的上拔稳定。基础底板只要满足刚性角的要求，无需配筋，常用于一些受上拔力较大的重要塔位。

台阶式基础具有施工方便、施工工期短、钢材耗量少等优点，但其混凝土用量高、埋置深度较深，相应运输成本较大，综合工程造价较高。由于易塌方及有流砂的地区难以达到设计深度，因此该基础在此类地区应尽量少用。

8.2.2 台阶式基础的主要计算内容

（1）基础稳定性计算主要包括上拔稳定性计算、倾覆稳定性计算、下压承载力计算等。

（2）基础强度计算主要包括基础主柱配筋计算、地脚螺栓承载力计算等。

基础计算时，钢筋混凝土重度取 24kN/m^3。位于地下水位以下的基础重度和土体重度按浮重度计算，混凝土基础的浮重度取 12kN/m^3，钢筋混凝土基础的浮重度取 14kN/m^3，

土的浮重度应根据土的类别和密实度取 $8\sim11kN/m^3$（一般砂土取小值，黏性土取大值）。

8.2.3   直柱台阶式基础算例

1. 已知条件

（1）工程地质。土壤条件为粉土及粉质黏土，土的上拔角 $\alpha=20°$，$\beta=30°$，土的重度 $\gamma_s=16kN/m^3$。无地下水及软弱下卧层，承载力宽度修正系数 $\eta_b=0.50$，深度修正系数 $\eta_d=2.0$，地基承载力特征值 $f_{ak}=263kPa$，基础底面以下土的重度取 $\gamma_s=15kN/m^3$。

（2）基础作用力。

下压工况：下压力 $N=460kN$，$N_x=48.8kN$，$N_y=42.2kN$。

上拔工况：上拔力 $T=225kN$，$T_x=40kN$，$T_y=30kN$。

（3）材料。混凝土强度等级采用 C20，主柱采用 HRB335 钢筋，混凝土重度 $\gamma_c=22kN/m^3$。

（4）其他。塔型为悬垂直线杆塔，根开 $L=6m$。基础形式为台阶式基础，基础柱子段尺寸为 $b_1=600mm\times600mm$，$h_0=200mm$。

2. 上拔稳定性及强度计算

（1）基础尺寸的确定。

假定阶梯段台阶的高度为 $H_1=400\times2=800(mm)$，刚性角 $\delta=45°$，则

$$b'=H_1\tan45°=800\tan45°=800(mm)$$

底边宽度 $B=600+2\times800=2200(mm)$，取 $B=2200mm$。

由于土壤条件为粉土及粉质黏土，处于可塑性状态，查表 7-10 可得临界埋置深度

$$h_c=2B=4400mm$$

假定基础为浅埋，取基础的埋置深度 $h=2800mm$。

（2）基础上拔稳定性计算。

1）由于铁塔基础为大开挖式基础，塔型为悬垂直线杆塔，查表 7-8，可得基础附加分项系数为 $\gamma_f=0.9$。

2）由于 $L=6000mm>B+2h_t\tan\alpha=3947mm$，铁塔根开较大，相邻两基础间未产生相互重叠的微体积，所以 $\Delta V=0$。

3）由于抗拔埋置深度 $h_t=2800-400=2400(mm)<h_c=2B=4400mm$，则上拔土体范围内土和基础的体积，其计算方法有以下两种。

方法一：利用式（7-13）进行计算

$$V_T=h_t\Big(B^2+2Bh_t\tan\alpha+\frac{4}{3}h_t^2\tan^2\alpha\Big)$$

$$=(2.8-0.4)\times\Big(2.2^2+2\times2.2\times2.4\times\tan20°+\frac{4}{3}\times2.4^2\times\tan^2 20°\Big)$$

$$=23.28(m^3)$$

方法二：利用四棱台体积公式［式（7-14）］进行计算。已知土体的上拔角为 $\alpha=20°$，可得棱台上、下开口宽分别为 3947mm 和 2200mm；可得 $S_1=15.58m^2$，$S_2=4.84m^2$；代入下式

$$V_T=\frac{h_t}{3}(S_1+S_2+\sqrt{S_1S_2})=\frac{2.8-0.4}{3}(15.58+4.84+\sqrt{15.58\times4.84})=23.28(m^3)$$

4）抗拔范围内基础的体积 V_0，如图 8-1 所示，可得
$$V_0 = 1.4 \times 1.4 \times 0.4 + 0.6 \times 0.6 \times 2.0 = 1.504 (\text{m}^3)$$

5）基础的自重力 Q_f。如图 8-1 所示，可得基础的自重力
$$Q_f = 22 \times (1.504 + 2.2^2 \times 0.4 + 0.6^2 \times 0.2) = 22 \times 3.512 = 77.264 (\text{kN})$$

6）由于 $H_E = \sqrt{H_x^2 + H_y^2} = 50 \text{kN}$，所以 $H_E/T = 0.22$，查表 7-4 得，$\eta_E = 0.97$。

7）η_θ 为基础底板上平面坡角影响系数，如图 8-1 所示可知，$\theta = 90°$，取 $\eta_\theta = 1.0$。

8）γ_s 为基础底面以上土的加权平均重度，取 $\gamma_s = 16 \text{ kN/m}^3$

将以上计算结果代入公式 $\gamma_f T \leqslant \eta_m \eta_\theta \gamma_s (V_T - \Delta V - V_0) + Q_f$
$$\gamma_f T = 0.9 \times 225 = 202.5 \text{kN}$$

$$\eta_E \eta_\theta \gamma_s (V_T - \Delta V - V_0) + Q_f$$
$$= 0.97 \times 1.0 \times 16 \times (23.28 - 0 - 1.504) + 77.264$$
$$= 415.23 (\text{kN})$$

$$\gamma_f T = 202.5 \text{kN} \leqslant \eta_E \eta_\theta \gamma_s (V_T - \Delta V - V_0) + Q_f = 415.23 (\text{kN})$$

所以，基础上拔稳定计算满足要求。

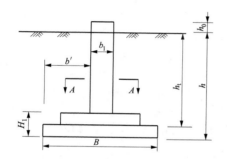 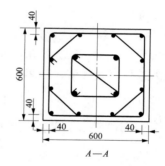

图 8-1　台阶式基础结构示意图

（3）地基承载力计算。下压时基础正上方土的体积为
$$V_1 = 2.2^2 \times 2.8 - (3.232 - 0.6^2 \times 0.2) = 10.392 (\text{m}^3)$$

基础的自重和基础正上方的土重之和为
$$G = 10.392 \times 16 + 77.264 = 243.536 (\text{kN})$$

基础底面处压力的设计值
$$M_x = N_x (h_0 + h) = 48.8 \times 3 = 146.4 (\text{kN} \cdot \text{m})$$
$$M_y = N_y (h_0 + h) = 42.2 \times 3 = 126.6 (\text{kN} \cdot \text{m})$$

$$e_x = \frac{M_x}{N + \gamma_G G} = \frac{146.4}{460 + 1.2 \times 243.536} = 0.195 (\text{m}) < \frac{B}{6} = 0.367 (\text{m})$$

$$e_y = \frac{M_y}{N + \gamma_G G} = \frac{126.6}{460 + 1.2 \times 243.536} = 0.168 (\text{m}) < \frac{B}{6} = 0.367 (\text{m})$$

计算修正后的地基承载力设计值 f_a。本例题中底板宽为 2.2m，宽度修正系数取 0.5，深度修正系数取 2.0，地基承载力特征值 $f_{ak} = 263 \text{kPa}$。代入修正后的地基承载力公式，可得

$$f_a = f_{ak} + \eta_b \gamma (b - 3) + \eta_d \gamma_s (h - 0.5)$$

$$= 263 + 0.5 \times 15 \times (3-3) + 2.0 \times 16 \times (2.8-0.5)$$
$$= 336.6(\text{kPa})$$

基础底面处平均压力设计值

$$p = \frac{N + \gamma_G G}{A} = \frac{460 + 1.2 \times 243.536}{2.2 \times 2.2} = 155.42(\text{kPa})$$

基础底面处的最大压力为

$$p_{\max} = \frac{N + \gamma_G G}{A} + \frac{M_x}{W_x} + \frac{M_y}{W_y} = \frac{460 + 1.2 \times 243.536}{2.2 \times 2.2} + \frac{146.4}{\frac{2.2^3}{6}} + \frac{126.6}{\frac{2.2^3}{6}} = 309.25(\text{kPa})$$

轴心受压时，

$$p = 155.42\text{kPa} \leqslant \frac{f_a}{\gamma_{rf}} = 448.8(\text{kPa})$$

偏心受压时，

$$p_{\max} = 309.25\text{kPa} < 1.2 f_a/\gamma_{rf} = 538.56(\text{kPa})$$

由上述计算可知，地基承载力计算满足要求。

（4）基础倾覆稳定性计算。

1）基础的上拔倾覆稳定性计算，由下式确定。

$$\gamma_f[TL + H_E(h_0 + h)] \leqslant Q_b L$$

由于铁塔为悬垂直线杆塔，查表 7-8 得倾覆稳定性的基础附加分项系数为 $\gamma_f = 1.1$。基础上拔力 $T = 225\text{kN}$，基础上拔时的水平合力 $H_E = \sqrt{H_x^2 + H_y^2} = 50\text{kN}$，基础倾覆稳定时的力臂 $L = \frac{B}{2\cos\beta} = 1.375\text{m}$，基础及抗拔范围内土体自重力之和为 $Q_b = \eta_E \eta_\theta \gamma_s (V_T - \Delta V - V_0) + Q_f = 418.71\text{kN}$。

将上述结果代入公式可得

$$\gamma_f[TL + H_E(h_0 + h)] = 1.1 \times (225 \times 1.375 + 50 \times 3.0) = 594.41(\text{kN}) \leqslant Q_b L = 726.46\text{kN}$$

所以，基础上拔倾覆稳定性满足要求。

2）基础的下压倾覆稳定性计算，由下式确定。

$$\gamma_f H_E(h_0 + h) \leqslant (Q + N)L$$

由于铁塔为悬垂直线杆塔，查表 7-9 得倾覆稳定性的基础附加分项系数为 $\gamma_f = 1.1$。基础下压力 $N = 460\text{kN}$，基础下压时的水平合力 $H_E = \sqrt{N_x^2 + N_y^2} = 64.5\text{kN}$，基础倾覆稳定时的力臂 $L = \frac{B}{2\cos\beta} = 1.454\text{m}$，下压时基础及土体自重力为 243.536kN。

将上述结果代入公式可得

$$\gamma_f H_E(h_0 + h) = 1.1 \times 64.5 \times 3 = 212.85(\text{kN}) \leqslant (Q + N)L = 1027.3\text{kN}$$

所以，基础下压倾覆稳定性满足要求。

（5）基础主柱正截面承载力计算。钢筋混凝土矩形截面双向偏心受拉构件，其正截面为双向对称配筋时，纵向钢筋截面面积应满足式（7-55）～式（7-57）要求。正截面主柱采用 HRB335 级钢筋，抗拉强度设计值为 $f_{st} = 300 \times 10^3 \text{kN/m}^2$，保护层厚度取 40mm，基柱混凝土采用 C20 级，假定钢筋直径为 20mm，$n_x = n_y = 4$，则 $n = 12$。

$$e_{0x} = \frac{M_x}{T} = \frac{T_x(h_0 + h - H_1)}{T} = \frac{40 \times 2.2}{225} = 391.11 \text{(mm)}$$

$$e_{0y} = \frac{M_y}{T} = \frac{T_y(h_0 + h - H_1)}{T} = \frac{30 \times 2.2}{225} = 293.33 \text{(mm)}$$

$$Z_x = Z_y = 600 - 40 \times 2 - 20 = 500 \text{(mm)}$$

$$A_{sx} \geqslant 2T\left(\frac{n_x}{n} + \frac{2e_{0x}}{n_y Z_x} + \frac{e_{0y}}{Z_y}\right)\frac{\gamma_{ag}}{f_{st}}$$

$$\geqslant 2 \times 225 \times \left(\frac{4}{12} + \frac{2 \times 391.11}{4 \times 500} + \frac{293.33}{500}\right) \times \frac{1.1}{300 \times 10^3}$$

$$\geqslant 2162.8 \text{(mm}^2)$$

$$A_{sy} \geqslant 2T\left(\frac{n_y}{n} + \frac{2e_{0y}}{n_x Z_y} + \frac{e_{0x}}{Z_x}\right)\frac{\gamma_{ag}}{f_{st}}$$

$$\geqslant 2 \times 225 \times \left(\frac{4}{12} + \frac{2 \times 293.33}{4 \times 500} + \frac{391.11}{500}\right) \times \frac{1.1}{300 \times 10^3}$$

$$\geqslant 2324.7 \text{(mm}^2)$$

选用钢筋直径为 20mm 时

$$A_{sx} = A_{sy} = 8 \times 314 = 2512 \text{(mm}^2), \ A_s = 12 \times 314 = 3768 \text{(mm}^2)。$$

确定最小配筋率。偏心受拉、受弯构件最小配筋率取 0.2% 和 $(45f_t/f_{st})\%$ 的最大值,由于基柱采用 C20 混凝土,轴心抗拉强度设计值查表 7-1,可知 $f_t = 1.1 \times 10^3 \text{kN/m}^2$,而纵向受力钢筋 HRB335 级抗拉强度设计值为 $f_{st} = 300 \times 10^3 \text{kN/m}^2$,所以最小配筋率可取 0.2%。

当选用钢筋直径为 20mm 时,实际单侧受拉钢筋配筋率为

$$\frac{4 \times 314}{600 \times 600} \times 100\% = 0.35\% > 0.2\%$$

即偏心受拉基柱构件满足单侧最小配筋率的要求。

综上所述,实际配筋 HRB335,钢筋直径 $d = 20\text{mm}$,$n_x = n_y = 4$,$n = 12$。

(6)地脚螺栓承载力计算。本实例中,基础上拔力 $T = 225\text{kN}$,拟采用 4 根 Q235 规格的 M27 地脚螺栓。查附录 E 可知,地脚螺栓的抗拉强度设计值 $f_g = 160\text{N/mm}^2$,单根地脚螺栓的有效面积 $A_e = 459\text{mm}^2$。

1)当不考虑基础水平剪力时

$$A_e \geqslant \frac{T}{nf_g} = \frac{225 \times 10^3}{4 \times 160} = 351.56 \text{(mm}^2)$$

$$A_e = 459 \geqslant 351.56$$

2)当考虑基础水平剪力时

$$A_e \geqslant \frac{\sqrt{T^2 + 3H_E^2}}{nf_g} = \frac{\sqrt{225^2 + 3 \times 50^2} \times 10^3}{4 \times 160} = 376.7 \text{(mm}^2)$$

$$A_e = 459 \geqslant 376.7$$

所以,选用 4 根 Q235 规格为 M27 的地脚螺栓满足设计要求。

（例题讲解视频）

8.3 掏挖类基础

8.3.1 掏挖类基础的特点

掏挖类基础是指将混凝土和钢筋骨架浇入机械或人工掏挖成型的土胎内的一种基础形式，它是以天然土为抗拔土体保持基础的上拔稳定性，属于原状土类基础。掏挖类基础主要适用于施工掏挖和浇筑混凝土时无地下水渗入基坑的硬塑、可塑黏性土及强风化岩石的地质条件下。它能充分发挥原状土的特性，不仅具有良好的抗拔性能，而且具有较大的横向承载力、节省材料、无需模板和回填土、可缩短施工周期、降低工程造价等优点。

掏挖类基础的计算内容主要包括上拔稳定计算、下压地基承载力计算、柱内配筋计算以及地脚螺栓的选择等。

8.3.2 掏挖类基础算例

1. 已知条件

（1）0～−0.2m 为耕植土层，−0.2m～−8m 为一般黏性土，天然容重 17.20kN/m³，地基承载力宽度修正系数 $\eta_b=0.30$，深度修正系数 $\eta_d=1.60$，地基承载力特征值 $f_{ak}=220$kPa，土的内摩擦角 $\varphi=20°$，土壤黏聚力 $c=58$kPa，地基系数 $m=4000$kN/m⁴。无地下水、无软弱下卧层，标准冻结深度−2m。

（2）基础作用力：$N=626$kN，$N_x=72$kN，$N_y=55$kN；

$\qquad T=491$kN，$T_x=51$kN，$T_y=48$kN。

（3）基础材料：采用 C25 混凝土，纵向受力钢筋采用 HRB335，钢筋混凝土重度取 $\gamma_c=24$kN/m³。

（4）基础形式及尺寸。

1）基础类型：直柱式全掏挖基础，适用于直线塔。

2）基础尺寸如图 8-2 所示。基础埋深 $h=2.7$m，扩底直径 $D=2.4$m，根开 $L=5.8$m，主柱宽 $d=1$m，柱露头 $h_0=0.2$m，主柱高 $h_1=1.9$m，圆台高 $h_2=0.7$m，底圆高 $h_3=0.1$m。

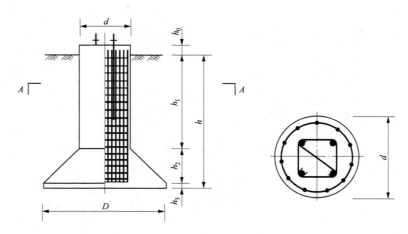

图 8-2　掏挖类基础尺寸示意图

2. 掏挖基础的稳定及强度计算

（1）上拔稳定性计算。

1）由于 $0 \sim -0.2$m 为耕植土层，底圆高 $h_3 = 0.1$m，则实际基础埋深 $h_t = 2.7 - 0.2 - 0.1 = 2.4$m，临界埋置深度为 $h_c = 2.5D = 6(\text{m}) > 2.4$m。

基础的体积为

$$V_f = \pi \times 1.2^2 \times 0.1 + \pi \times 0.5^2 \times 2.1 + \frac{\pi}{3} \times 0.7 \times (1.2^2 + 0.5^2 + 1.2 \times 0.5) = 3.78(\text{m}^3)$$

基础的自重力　　　　　$Q_f = 3.78 \times 24 = 90.72(\text{kN})$

h_t 深度范围内基础体积为

$$V_0 = \pi \times 0.5^2 \times 1.7 + \frac{\pi}{3} \times 0.7 \times (1.2^2 + 0.5^2 + 1.2 \times 0.5) = 3.01(\text{m}^3)$$

基础底面正上方土的体积　　$V_1 = \pi \times 1.2^2 \times 2.7 - 3.78 + \pi \times 1.2^2 \times 0.1 = 8.88(\text{m}^3)$

基础底面正上方的土重　　$G_0 = 8.88 \times 17.2 = 152.74(\text{kN})$

2）由于 $H_E = \sqrt{T_x^2 + T_y^2} = 70.04(\text{kN})$，所以 $H_E/T = 0.143 < 0.15$，查表 7-4 得，$\eta_E = 1$；η_θ 为基础平面坡角系数，从图 8-2 可知 $\theta = 45°$，取 $\eta_\theta = 1$。

3）对于黏性土，宜取 $n = 4$，基础的深径比 $\lambda = h_t/D = 1.0$，查附录 C 可知

$$A_1 = 4.256, \quad A_2 = 0.630, \quad A_3 = 1.525$$

4）计算抗拔承载力设计值 R_T，当 $h_t \leqslant h_c$ 时

$$R_T = \frac{A_1 c h_t^2 + A_2 \gamma_s h_t^3 + \gamma_s (A_3 h_t^3 - V_0)}{2.0} + Q_f$$

$$= \frac{4.256 \times 58 \times 2.4^2 + 0.632 \times 17.2 \times 2.4^3 + 17.2 \times (1.525 \times 2.4^3 - 3.01)}{2.0} + 90.72$$

$$= 1032.2(\text{kN})$$

$$\gamma_f T = 1.1 \times 491 = 540.1\text{kN} \leqslant \eta_E \eta_\theta R_T = 1 \times 1 \times 1032.2(\text{kN})$$

上拔稳定性满足设计要求。

（2）下压承载力计算。

1）考虑侧向土抗力时，基柱刚性条件的判定。

由于铁塔为悬垂型直线杆塔，取 $EI = 0.8E_c I$，E_c 为混凝土的弹性模量。对于 C25 混凝土，$E_c = 2.8 \times 10^4 \text{N/mm}^2$。基柱的抗弯刚度为

$$EI = 0.8E_c I = 0.8 \times 2.8 \times 10^{10} \times \left(\frac{\pi \times 1.0^4}{64} \right) = 1.1 \times 10^9 (\text{Pa} \cdot \text{m}^4)$$

则 $\alpha = \left(\dfrac{md}{EI} \right)^{\frac{1}{5}} = 0.325\text{m}^{-1}$

由于 $l = 1.9\text{m} \leqslant \dfrac{2.5}{0.325} = 7.69\text{m}$，故按照刚性桩来进行计算。

2）作用于基础底面弯矩的计算。

基础下压时的水平合力 $H_E = \sqrt{N_x^2 + N_y^2} = 90.6(\text{kN})$，由于 $d = 1.0$m，基柱的计算直径为

$$d' = 0.9 \times (1.5d + 0.5) = 1.8(\text{m})$$

基础底面的抗弯截面系数为

$$W = \frac{\pi}{32} D^3 = \frac{\pi}{32} \times 2.4^3 = 1.356 (\text{m}^3)$$

基础底面土的竖向抗力系数为

$$C_0 = mh = 4000 \times 2.7 = 10\ 800 (\text{kN/m}^3)$$

可得基础的旋转角为

$$\omega = \frac{12(3H_E h_0 + 2H_E h)}{md'h^4 + 18C_0 WD} = \frac{12(3 \times 90.6 \times 0.2 + 2 \times 90.6 \times 2.7)}{3000 \times 1.8 \times 2.7^4 + 18 \times 10\ 800 \times 1.356 \times 2.4} = 7.1 \times 10^{-3}$$

基础主柱转动中心到地面的距离为

$$x_A = \frac{md'h^3(4M_0 + 3H_E h) + 6C_0 H_E WD}{2md'h^2(3M_0 + 2H_E h)} = \frac{d'h^2(4M_0 + 3H_E h) + 6H_E WD}{2d'h(3M_0 + 2H_E h)}$$

$$= \frac{1.8 \times 2.7^2 \times (4 \times 90.6 \times 0.2 + 3 \times 90.6 \times 2.7) + 6 \times 90.6 \times 1.356 \times 2.4}{2 \times 1.8 \times 2.7 \times (3 \times 90.6 \times 0.2 + 2 \times 90.6 \times 2.7)}$$

$$= \frac{1.8 \times 2.7^2 \times (4 \times 0.2 + 3 \times 2.7) + 6 \times 1.356 \times 2.4}{2 \times 1.8 \times 2.7 \times (3 \times 0.2 + 2 \times 2.7)}$$

$$= 2.34 (\text{m})$$

所以，作用于基础底面的弯矩为

$$M_h = H_E h_0 + H_E h - d'\omega \frac{mh^3}{12}(2x_A - h)$$

$$= 90.6 \times 0.2 + 90.6 \times 2.7 - 1.8 \times 7.1 \times 10^{-3} \times \frac{4000 \times 2.7^3}{12}(2 \times 2.34 - 2.7)$$

$$= 96.72 (\text{kN} \cdot \text{m})$$

3）基础底面压力的计算。

基础自重和基础底面正上方土的重力为

$$G = Q_f + G_0 = 90.72 + 152.74 = 243.46 (\text{kN})$$

平均基底压力　　　$p = \frac{N + \gamma_G G}{A} = \frac{626 + 1.2 \times 243.46}{\frac{\pi}{4} \times 2.4^2} = 203.06 (\text{kPa})$

最大基底压力　　　$p_{max} = \frac{N + \gamma_G G}{A} + \frac{M_h}{W} = \frac{626 + 1.2 \times 243.46}{\frac{\pi}{4} \times 2.4^2} + \frac{96.72}{1.356} = 274.39 (\text{kPa})$

本例题中，宽度修正系数取 0.30，深度修正系数取 1.60，地基承载力特征值 $f_{ak} = 220\text{kPa}$。代入修正后的地基承载力公式，可得

$$f_a = f_{ak} + \eta_b \gamma (b - 3) + \eta_d \gamma_s (h - 0.5)$$

$$= 220 + 0.3 \times 17.2 \times (3 - 3) + 1.6 \times 17.2 \times (2.7 - 0.5)$$

$$= 280.54 (\text{kPa})$$

而　　　　　　　　　$p = 203.06\text{kPa} \leqslant \frac{f_a}{\gamma_{rf}} = 374.05\text{kPa}$

$$p_{max} = 274.39\text{kPa} \leqslant 1.2 \frac{f_a}{\gamma_{rf}} = 448.86\text{kPa}$$

所以，下压地基承载力满足要求。

（3）基柱配筋计算。

1）按照桩基规范的要求，灌注桩的最小配筋率不宜小于 0.2%～0.65%，小桩径取高值，大桩径取低值。

2）按照混凝土结构设计规范的受压构件全部纵向受力钢筋，在钢筋强度等级 300MPa 时，最小配筋率为 0.6%。

结合 1）和 2），可取圆柱的最小配筋率为 0.6%。

$$A_s \leqslant \rho_{min} A = 0.60\% \times \frac{\pi}{4} \times 1.0^2 = 4710 (\text{mm}^2)$$

故 A_s 由最小配筋率所控制，取 4710mm²。选配 11Φ25，A_s=5396.9mm²，实际配筋率为 0.688%，满足最小配筋率要求。

（4）地脚螺栓承载力计算。本实例中，基础上拔力 T=491kN，拟采用 4 根 Q235 规格的 M36 地脚螺栓。查附录 E 可得，地脚螺栓的抗拉强度设计值 f_g=160N/mm²，单根地脚螺栓的有效面积 A_e=817mm²。

$$A_e \geqslant \frac{T}{n f_g} = \frac{491 \times 10^3}{4 \times 160} = 767.2\text{mm}^2 \qquad A_e = 817 \geqslant 767.2$$

所以，选用 4 根 Q235 规格为 M36 的地脚螺栓满足设计要求。

8.4　灌注桩基础算例

（例题讲解视频）

1. 已知条件

（1）工程地质：土壤条件为饱和密实的粗砂，地下水位 -1.5m，地基承载力特征值 f_{ak}=420kPa，土的内摩擦角 φ=40°，黏聚力 c=0kPa。

（2）基础材料：采用 C25 混凝土，纵向受力钢筋采用 HRB335，钢筋混凝土重度取 γ_c=24kN/m³。

（3）基础形式及尺寸：

1）基础类型：灌注桩基础，适用于直线杆塔。

2）基础尺寸如图 8-3 所示。桩基直径 D=800mm，桩长 l=10m，桩身全部在地下水以下，B=5.0m，h_1=2.0m，h_2=2.0m，r_1=1.6m，r_2=0.8m，C=1.1m，S=2.8m。

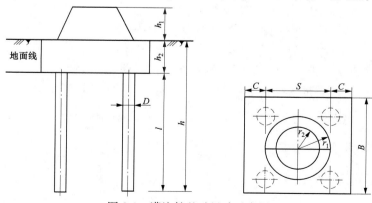

图 8-3　灌注桩基础尺寸示意图

2. 试确定灌注桩基础的上拔和下压承载力设计值

（1）桩基下压承载力特征值的计算

由于桩基直径 $D=800\mathrm{mm}$，按土的物理指标与承载力参数之间的经验关系，可确定大直径单桩竖向极限承载力标准值由下式计算

$$Q_{\mathrm{uk}}=Q_{\mathrm{sk}}+Q_{\mathrm{pk}}=u\sum\psi_{si}q_{sik}l_{si}+\psi_{\mathrm{p}}q_{\mathrm{pk}}A_{\mathrm{p}}$$

该桩为等直径桩，桩身周长 $u=\pi D=2.512(\mathrm{m})$，桩端面积 $A_{\mathrm{p}}=\frac{\pi}{4}D^2=0.502(\mathrm{m}^2)$。

由于桩身全部在地下水位以下，并且为密实的粗砂，查表 7-14，其对应钻（冲）孔桩的 $q_{sik}=95\sim116\mathrm{kPa}$，取 $q_{sik}=95\mathrm{kPa}$。查表 7-15，对应的桩的极限端阻力标准值 $q_{\mathrm{pk}}=1500\sim1800\mathrm{kPa}$，取 $q_{\mathrm{pk}}=1600\mathrm{kPa}$。

查表 7-17，可计算大直径灌注桩侧阻、端阻尺寸效应系数 ψ_{si} 和 ψ_{p}，$\psi_{si}=1$，$\psi_{\mathrm{p}}=1$。所以，单桩竖向极限承载力标准值为

$$\begin{aligned}Q_{\mathrm{uk}}=Q_{\mathrm{sk}}+Q_{\mathrm{pk}}&=u\sum\psi_{si}q_{sik}l_{si}+\psi_{\mathrm{p}}q_{\mathrm{pk}}A_{\mathrm{p}}\\&=2.512\times1.0\times95\times10+1.0\times1600\times0.502\\&=3189.6(\mathrm{kN})\end{aligned}$$

取安全系数 $K=2$，则单桩竖向承载力特征值为

$$R_{\mathrm{a}}=\frac{Q_{\mathrm{uk}}}{K}=1594.8(\mathrm{kN})$$

计算基桩所对应的承台底净面积为

$$A_{\mathrm{c}}=(A-nA_{\mathrm{ps}})/n=(25-4\times0.502)/4=5.748(\mathrm{m}^2)$$

由于基桩正方形排布，$\frac{s_{\mathrm{a}}}{D}=\frac{2.8}{0.8}=3.5$，$\frac{B}{l}=\frac{5}{10}=0.5$，根据线性插值，查表 7-18，可得承台效应系数为 $\eta_{\mathrm{c}}=0.131$。

当不考虑地震作用时，复合基桩竖向承载力特征值 R 可由下式计算

$$R=R_{\mathrm{a}}+\eta_{\mathrm{c}}f_{\mathrm{ak}}A_{\mathrm{c}}=1594.8+0.131\times420\times5.748=1911.1(\mathrm{kN})$$

（2）桩基上拔承载力计算

查表 7-19 可知，按照砂土，抗拔系数 $\lambda_i=0.7$。

桩群外围周长为 $u_1=(S+D)\times4=14.4\mathrm{m}$，群桩基础所包围体积的桩土总自重设计值除以总桩数，可得 G_{gp}，即

$$G_{\mathrm{gp}}=10\times(2.8+0.8)^2\times10/4=324(\mathrm{kN})$$

基桩自重为 $\qquad G_{\mathrm{p}}=14\times0.502\times10=70.28(\mathrm{kN})$

当群桩呈非整体破坏时，基桩的抗拔极限承载力标准值为

$$T_{\mathrm{uk}}=\Sigma\lambda_iq_{sik}u_il_i=0.7\times95\times2.512\times10=1670.48(\mathrm{kN})$$

则上拔承载力允许值 $\quad[T_{\mathrm{k1}}]=\frac{T_{\mathrm{uk}}}{K}+G_{\mathrm{p}}=\frac{1670.48}{2}+70.28=905.52(\mathrm{kN})$

当群桩呈整体破坏时，桩基的上拔极限承载力标准值为

$$T_{\mathrm{gk}}=\frac{1}{n}u_1\Sigma\lambda_iq_{sik}l_i=\frac{1}{4}\times14.4\times0.7\times95\times10=2394(\mathrm{kN})$$

则上拔承载力允许值 $\quad[T_{\mathrm{k2}}]=\frac{T_{\mathrm{gk}}}{K}+G_{\mathrm{gp}}=\frac{2394}{2}+324=1521(\mathrm{kN})$

于是，可得　　　　$[T_k] = \min([T_{k1}], [T_{k2}]) = 905.52(\text{kN})$

习　题

1. 试对某输电线路无拉线单杆直线电杆基础进行倾覆稳定性验算。已知土壤处于黏性可塑性状态，其容重 $\gamma_s = 16\text{kN/m}^3$，计算内摩擦角 $\beta = 30°$，土压力系数 $m = 48\text{kN/m}^3$。大风情况下，水平荷载的合力 $S_0 = 7.0\text{kN}$，其合力作用点高度 $H_0 = 5\text{m}$，电杆埋深 $h = 3.2\text{m}$，电杆腿部外径 $D = 0.4\text{m}$。

2. 某拉线电杆的拉线拉力为 $T = 122\text{kN}$，拉线与水平地面间的夹角 $\delta = 60°$，拉线盘埋深为 2.0m，拉线盘平放，土质为黏性可塑性土。试选择拉线盘尺寸并进行稳定性验算。

3. 某直线型铁塔基础如图 8-4 所示，基础柱子段截面尺寸为 $a \times a = 500\text{mm} \times 500\text{mm}$，受上拔力 $T = 410\text{kN}$，水平力 $H_x = 52\text{kN}$，$H_y = 45\text{kN}$，$h_0 = 0.2\text{m}$，$h_1 = 2.0\text{m}$，$h_2 = 0.6\text{m}$。保护层厚度取 40mm，钢筋采用 HRB335，混凝土等级为 C20 级。试对柱子段进行配筋设计。

4. 回填土为一般黏性土，处于可塑状态，回填土的天然容重为 $\gamma_s = 16\text{kN/m}^3$。在运行大风、无冰情况下基础的作用力：上拔力 $T = 260\text{kN}$，垂直线路方向和顺线路方向的水平力 $H_x = 40\text{kN}$，$H_y = 25\text{kN}$；下压力 $N = 380\text{kN}$，$N_x = 48.8\text{kN}$，$N_y = 42.2\text{kN}$。塔型为悬垂直线型铁塔，根开 $L = 5\text{m}$。基础形式为台阶式刚性基础，钢筋混凝土的重度取 $\gamma_c = 24\text{kN/m}^3$。基础基本尺寸如下：$h = 3\text{m}$，$h_1 = h_2 = 0.5\text{m}$，$b = 0.8\text{m}$，$B_1 = 1.6\text{m}$，$B = 2.4\text{m}$，$h_0 = 0.2\text{m}$。试对该基础的上拔稳定性和下压稳定性进行校核，并选择合适的地脚螺栓（地脚螺栓的抗拉强度设计值 $[f_{st}] = 160\text{MPa}$，黏性土地基承载力的特征值为 $f_{ak} = 263\text{kPa}$）。

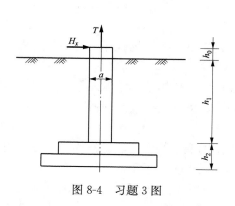

图 8-4　习题 3 图

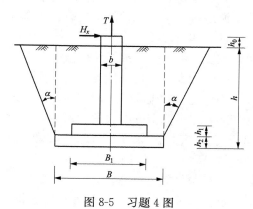

图 8-5　习题 4 图

第 9 章　特殊地基条件下地基处理和基础设计

9.1　概　述

我国地域辽阔，从沿海到内陆，从山区到平原，广泛分布着各种各样的土质。由于不同的地理环境、气候条件、地质成因、历史过程、物质成分和次生变化等原因，使某类土具有一些特殊的成分、结构和性质，通常把这些具有特殊工程地质的土称为特殊土。当在特殊地质条件下修建输电铁塔时，必须要对地基进行处理，并选用合适的基础形式。地基处理的目的是采取切实有效的措施，改善地基的工程性质，满足输电线路建筑物的要求。

本章主要介绍软土、湿陷性黄土、盐渍土、冻土、风积沙漠地区和采动影响区等特殊地质条件下输电铁塔基础的地基处理措施和基础设计原则。

9.2　软　土　地　基

9.2.1　软土的种类及工程性质

软土地基多为静水或缓慢流水环境中沉积，并经生物化学作用形成，其成因主要有滨海环境沉积、海陆过渡环境沉积（三角洲沉积）、河流环境沉积、湖泊环境沉积和沼泽环境沉积等。比如长江、珠江地区的三角洲沉积，上海、天津塘沽、温州、连云港等地的滨海相沉积，洞庭湖、洪泽湖以及昆明滇池等地区的内陆湖泊相沉积，河滩沉积主要位于各大中河流的中、下游地区，沼泽沉积的有内蒙古、东北大小兴安岭、南方及西南森林地区等。

软土具有如下性质：

（1）触变性。尤其是滨海相软土一旦受到扰动，原有结构发生破坏，土的强度将会明显降低。触变性的大小常用灵敏度 S_t 来表示，其值一般在 3～4，个别可达 8～9。

（2）流变性。软土除排水固结引起变形外，在剪应力作用下，土体还会发生缓慢而长期的剪切变形，对地基沉降有较大的影响，因此对斜坡、堤岸、码头及地基稳定性不利。

（3）高压缩性。软土的压缩系数大，一般 $\alpha_{1-2} = 0.5 \sim 1.5\text{MPa}^{-1}$，最大可达 4.5MPa^{-1}；压缩指数 C_c 约为 0.35～0.75，软土地基的变形特性与其天然固结状态相关，欠固结软土在荷载作用下沉降较大，天然状态下的软土层大多属于正常固结状态。

（4）抗剪强度低。软土的天然不排水抗剪强度一般小于 20kPa，其变化范围约为 5～25kPa，有效内摩擦角 φ' 约为 12°～35°，固结不排水剪内摩擦角 φ_{cu} 约为 12°～17°，软土地基的承载力常为 50～80kPa。

（5）渗透性差。软土的渗透系数约为 $i \times 10^{-6} \sim i \times 10^{-8}\text{cm/s}$，所以在自重或荷载作用下的固结速率很慢。在加载初期地基中常出现较高的孔隙水压力，影响地基的强度。

（6）不均匀性。由于沉降环境的变化，黏性土层中常局部夹有厚薄不等的粉土使其在水平和垂直分布上有所差异，易造成建筑物地基产生差异沉降。

可见，软土具有强度低、压缩性高、渗透性低，以及高灵敏度和不均匀性等特点，故软土地基上常会因沉降差过大而导致基础开裂，甚至产生地基整体剪切破坏的危险。因此在软土地基上建造输电铁塔，往往要对软弱地基进行加固处理。

9.2.2　软土地基的处理方法

建造在软土地基上的输电杆塔结构，除加强上部结构的刚度外，还需采取以下措施。

（1）充分利用软土地基表层的密实土层，作为基础的持力层。

（2）减少上部结构对地基土的附加压力，减少架空地面，减少回填土等。

（3）砂垫层是设置于人工填土与软土地基之间的透水性垫层，可起到排水的作用，从而保证了填土荷载作用下地基中孔隙水的顺利排出，不但能加快地基土的固结，还能保护基础免受孔隙水的浸泡。设置砂垫层要注意防止被细粒污染而造成排水孔隙堵塞，在砂垫层的上下应设反滤层。当软土层较薄，或软土垫层底层又有透水层时，效果更好。采用换土垫层和桩基，也可在砂垫层内埋设土工织物，提高地基承载力。

（4）可采用高压喷射、深层搅拌方法，将土粒胶结，从而改善土的工程性质。

鉴于淤泥软土地基承载力低，压缩性大，透水性差，不易满足输电杆塔基础的地基设计要求，故需进行人工加固处理，主要介绍以下四种处理方法。

（1）桩基法。当淤泥软土层较厚，难以大面积进行深处理，可采用打桩的办法进行加固处理。常用的是钢筋混凝土预制桩。淤土层较厚的地基加固处理还可以采用灌注桩，打灌注桩至硬土层。

（2）换土垫层法。换土垫层法是将天然软弱土层全部或部分挖去，分层回填强度较高、压缩性较低且性能稳定、无腐蚀性的砂石、素土、灰土、工业废渣等材料，将其夯（振）实至要求的密度后作为垫层式地基。

垫层设计的关键是其厚度 z 和底宽 b_m，如图 9-1 所示。砂垫层厚度应根据砂垫层底面下卧层的承载力及铁塔结构对地基变形的要求确定，砂垫层厚度为 $0.5m \leqslant z \leqslant 3.0m$。计算时先假定垫层厚度 z，再进行计算；如不合适，应改变厚度重新验算，直至合适为止。验算公式与浅基础的软弱下卧层验算相同，可参照第 5 章式（5-39）。

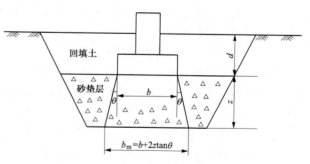

图 9-1　砂垫层设计计算简图

垫层的宽度应满足基础底面应力扩散的要求，可按下式计算或根据当地经验确定

$$b_m \geqslant b + 2z\tan\theta \tag{9-1}$$

式中：b_m 为垫层底面宽度，m。

砂垫层和砂石垫层的材料，宜采用级配良好，质地坚硬的中砂、粗砂、砾砂、卵石或碎石，石子的粒径不宜大于 50mm，砂、石料中不得含有杂物，含泥量不应超过 5%。

（3）灌浆法。灌浆法是利用气压、液压或电化学原理将能够固化的某些浆液注入地基介质中或建筑物与地基的缝隙部位。浆液可以是水泥浆、水泥砂浆、黏土水泥浆、黏土浆及各种化学浆材。高压旋喷灌浆处理原理是通过在闸基中高压旋喷灌浆形成水泥土摩擦桩，提高地基承载力，达到控制沉降的目的。

（4）排水固结法。排水固结法是解决淤泥软黏土地基沉降和稳定问题的有效措施，由排水系统和加压系统两部分组成。排水系统是在地基中设置排水体，利用地层本身的透水性由排水体集中排水的结构体系，根据排水体的不同可分为袋装砂井排水和塑料排水板排水两种。

9.3　湿陷性黄土地基

9.3.1　湿陷性黄土的特征及分布

湿陷性黄土是指在上覆土层自重应力作用下，或在自重应力和附加应力共同作用下，因浸水后土的结构破坏而发生显著变形的土。有的黄土并不发生湿陷，称为非湿陷性黄土。非湿陷性黄土地基的设计和施工与一般黏性土地基无异。湿陷性黄土又可分为自重湿陷性和非自重湿陷性，自重湿陷性黄土在自重应力下受水浸湿后产生湿陷，非自重湿陷性黄土在自重应力下受水浸湿不产生湿陷。

我国湿陷性黄土的分布面积约占我国黄土总面积的 60％ 以上，主要分布在北纬 34°～45°、东经 102°～114°之间的黄河中游地区。湿陷性黄土具有以下特征。

（1）湿陷性：黄土在受水浸湿后，在自重应力或附加应力下产生土质结构中的易溶盐类溶解，使颗粒间作用力发生破坏，并在外荷载作用下，导致土粒间隙之间扩展、相通，最终造成土质发生变形，强度下降，形成湿陷性特征。

（2）膨胀性和对水敏感性：湿陷性黄土遇水膨胀，干旱收缩，反复交替造成土质易崩解而形成裂纹。此外，湿陷性黄土对含水率敏感，含水率小易扬尘，大则翻浆。

（3）直立性：湿陷性黄土具有较高强度和较低的压缩性，在天然含水率低的状态下，能支撑 90°的天然陡壁边坡。

9.3.2　湿陷性黄土塔位选择原则

（1）当输电线路无法避开湿陷性黄土地区时，应尽量将塔位选择在非自重湿陷性黄土地基地区。因为非自重湿陷性黄土在自重作用下遇水不会湿陷或者湿陷量较小，对铁塔基础的影响较小。

（2）当塔位无法避开湿陷性黄土地基时，应尽量将塔位选在山顶较平坦处，植被较多处，避开地势较陡的山坡以及植被稀少的地段。

（3）应避免将受力较大的直线塔或者转角塔位选在新近堆积的松散黄土地基上。

（4）对于地面坡度较大、植被稀疏的地段，由于夏季多暴雨，易造成奇峰、陡壁、溶洞、陷穴、天生桥等微地貌，塔位选择时应考虑避开该类地段。

（5）严禁将塔位选在地势低洼、冲沟等在雨季易汇水的地段。

9.3.3　湿陷性黄土地基的工程措施

为保证湿陷性黄土地区杆塔基础的安全运行，应根据湿陷性黄土的等级和工程的重要性因地制宜采取以地基处理为主的综合措施，防止地基湿陷，做到安全可靠、经济合理。大跨越塔、重要跨越塔及高塔（塔高 100m 及以上）应尽量避开湿陷性黄土地区，若不能避开应采取可靠的地基处理措施、结构措施和防水措施。

（1）地基处理措施。地基处理目的是破坏湿陷性黄土的大孔隙结构，改善土的力学性能，消除或减小地基因偶然浸水而引起的湿陷变形。当杆塔位于无汇水的山坡、山梁、山顶等位置时，可不采取地基处理措施；当塔位位于有汇水的平台、平地、洼地时，应根据电压等级、杆塔的重要性以及黄土湿陷等级采取不同的处理方式。地基处理一般采用灰土垫层法。当湿陷等级较低（Ⅱ级）时，对于位于台阶地位置的杆塔，宜采用2∶8灰土垫层法；对于掏挖式基础，可铺设灰土防水层，如图 9-2 所示。当湿陷等级比较高（Ⅲ级及以上）时，采用增设灰土垫层和防水层的处理方案更好，如图 9-3 所示。

　　（2）排水、防水措施。在黄土地区的杆塔，其基面要做好防水措施，土表层严格夯实并设散水坡和排水沟，基础远离水渠和水管 10m 以上。除做防水层外，还应注意附近是否有排水沟、地下管道等不利设施。

　　（3）结构措施。加强上部构造的整体刚度，预留沉降净空等措施来减小不均匀沉降或使结构适应地基的湿陷变形。

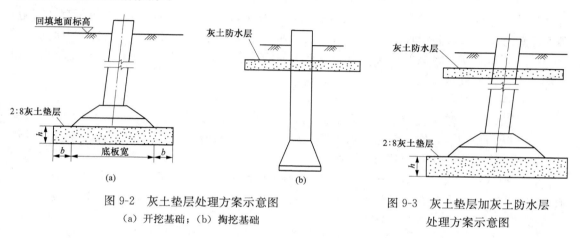

图 9-2　灰土垫层处理方案示意图　　　　　图 9-3　灰土垫层加灰土防水层
（a）开挖基础；（b）掏挖基础　　　　　　　　　　处理方案示意图

9.4　盐　渍　土　地　基

9.4.1　盐渍土的特性及分布

　　我国盐渍土分布很广，一般分布在地势较低且地下水位较高的地段，如内陆洼地、盐湖和河流两岸的漫滩、低阶地、牛轭湖以及三角洲洼地、山间洼地等。我国西北地区（如青海、新疆）有大面积的内陆盐渍土，沿海各省则有滨海盐渍土。输电线路路径不可避免要穿越盐渍土地区，钢筋混凝土基础在服役过程中会长期或周期性地遭受各种荷载和外界环境的相互作用，从而对混凝土内部孔隙微结构和表面产生一定的影响，并引起钢筋的锈蚀和混凝土结构的劣化，甚至造成基础破坏、坍塌。当温度升高时，盐溶液中的水分蒸发，易溶盐析出结晶，二相体转化为三相体，土体发生体积变化，使得混凝土材料中产生巨大的内应力，超过混凝土材料的抗拉强度造成混凝土开裂，严重影响了钢筋混凝土结构的耐久性和使用寿命，给国家造成了巨大的经济损失。

　　在盐渍土地基上建设输电杆塔时，应根据电压等级、抵抗变形的能力、地基条件和场地浸水可能性，采取一种或多种防护措施保证杆塔结构的安全和正常运行。

9.4.2　盐渍土地区地基处理

　　盐渍土地区的输电杆塔地基处理必须根据盐渍土的特性综合考虑地形地貌条件、土中水分的变化情况等因素因地制宜采取防治结合、综合治理的措施。在路径选择时应充分考虑腐蚀性对全线塔基施工及后期维护的影响，在不影响全局的情况下适当调整路径，尽量避让强、中等腐蚀地区，尤其是不利于防腐处理的地区。

盐渍土地区输电线路杆塔地基处理的一般原则如下。

（1）盐渍土地基上的杆塔基础应根据其腐蚀性等级、腐蚀种类和承受不均匀沉降的能力、地基的溶陷等级以及浸水的可能性，在设计上采取以下预防措施。

1）防水措施：做好杆塔基面排水，远离水渠、地下管沟、集水井等。

2）地基基础措施：消除或减小溶陷性的各种地基处理方法，如采取浸水预溶、强夯、换土以及桩基础等措施。

3）结构措施：加强结构整体性、减少不均匀沉降。

4）防腐措施：对混凝土基础、拉线棒等结构采用抗硫酸盐水泥和防腐涂料等有效措施，防腐涂料选用应以施工操作简单、经济耐久、附着力强、抗老化性能好、寿命长为原则。

（2）对地下水位较高的地段，应考虑有害毛细管水对基础的腐蚀影响，在设计上可采用砂卵石作为垫层处理。

（3）在地基中易溶盐含量超过 0.3% 地区的杆塔地基应该采取防腐处理。

（4）盐渍土地基中硫酸钠含量不超过 1% 时可不考虑其盐胀性。

对于盐渍土地区，输电线路杆塔地基的处理措施，应根据盐渍土溶盐等级及现场条件进行对比后综合选用，主要处理方法如下。

（1）换填法。换填法适用于地下水位埋置深度较深的浅层盐渍土地基。换填料应为非盐渍土的级配砂砾石和中粗砂、碎石、矿渣、粉煤灰等。垫层设计中应做好地基排水设计，防止垫层被盐渍化，宜设置盐分隔断层。

（2）预压法。预压法适用于处理盐渍土中的淤泥质土、淤泥和充填土等饱和软土地基。采用预压法处理盐渍软土地基之前，应查明场地的水文地质条件和工程地质条件，确定相关岩土参数。

（3）强夯法和强夯置换法。强夯法和强夯置换法适用于处理盐渍土地区的碎石土、砂土、非饱和粉土和黏性土以及由此组成的素填土和杂填土地基。强夯法和强夯置换法的有效加固深度、夯击工艺和参数应通过现场试夯或当地经验确定。强夯置换法夯坑换填料应为非盐渍土的砂石类集合料，并应做好基础地下排水设计。

（4）砂石（碎石）桩法。砂石（碎石）桩法包括用挤密法施工的砂石桩和用振冲法施工的砂石桩，适用于处理盐渍土地区的砂土、碎石土、粉土、黏性土、素填土和杂填土等地基。桩体材料应为含泥量不大于 5% 的碎石、卵石、矿渣或其他性能稳定的硬质材料，不宜使用风化易碎的石料、砂料和石灰、水泥混合料。砂石桩顶和基础之间宜铺设一层厚500mm 左右的碎石垫层，并应做好地下排水设施，宜在基础和垫层间设置盐分隔离层。

（5）浸水预溶法。浸水预溶法适用于处理盐渍土地区厚度大、渗透性较好的盐渍土地基。

9.4.3　盐渍土地区输电线路杆塔基础的防腐

1. 盐渍土地区杆塔基础防护要求

（1）中盐渍土及以上地区的甲级、乙级建筑物，在地基承载力或变形不能满足时，可考虑采用地基处理方案与桩基础方案。

（2）对于溶陷等级不大于Ⅰ级、甲乙类建筑物荷载不大时，可采用十字交叉的基梁来调整结构变形，适应盐渍土地基的不均匀变形。

（3）以盐胀为主的盐渍土地区，可适当加大基底附加压力约束盐胀变形，也可适当增大基础埋深，减少盐胀量差异，或在基底设置垫层缓冲盐胀变形。

（4）甲类建筑物，在地基承载力或变形不能满足要求时，应采用全部消除地基溶陷性和盐胀性的地基处理措施，或采用穿透溶陷性或盐胀性土层的桩基础等。

（5）乙类建筑物，在地基承载力或变形不能满足要求时，可采用部分消除地基溶陷性和盐胀性的地基处理措施或桩基础。

（6）采用混凝土或钢筋混凝土桩时，必须采取防止盐类对桩材料腐蚀的有效措施。在设计时，应考虑桩周围土浸水后溶陷所产生的负摩擦力。

2. 盐渍土地区地基基础防腐措施

（1）盐渍土地区基础防腐设计应根据结构的设计使用年限和腐蚀作用等级确定防腐耐久性并采取相应的防腐措施。

（2）盐渍土地区地下工程的防腐耐久性设计应保证结构在其使用年限内的安全性、适用性和可修复性。

（3）以水泥和砌体材料为主的建筑物，其防腐措施应符合以下原则：

1）防腐措施的主要部位应是建筑物接近地表的区段以及干湿交替和冻融循环的部位。

2）防腐的重点是提高建筑材料本身的抗腐蚀能力，包括水泥和砌体材料的选择、提高水泥用量、降低水灰比、增加钢筋混凝土保护层的厚度等。

3）应选用不同混凝土添加剂。以氯盐为主的腐蚀环境，配筋材料应采用钢筋阻锈剂；以硫酸盐为主的腐蚀环境，可选用抗硫酸盐水泥、密实剂、防硫酸盐添加剂等。

（4）当采用措施（1）～（3）不能满足防腐要求时，可在建筑物外表面进行涂覆、渗透、隔离等处理，可采取加防腐涂料、浸透层、玻璃钢、耐蚀砖板等措施。

（5）对以混凝土和钢筋混凝土为主的建筑物，其防腐措施如表 9-1 所示。

（6）在氯盐为主的环境下不宜单独采用硅酸盐或普通硅酸盐水泥作为胶凝材料配制混凝土，而应加入 20%～50% 的矿物掺和物，并宜加入少量的硅灰。

（7）在硫酸盐为主的环境下不宜采用灰土基础，例如石灰桩、灰土桩等。

（8）对于严重腐蚀环境下的构件，浇筑在混凝土中并部分暴露在外的吊环、紧固件、连接件等铁件应与混凝土构件中的钢筋隔离。

表 9-1　　　　　　　　　　　**盐渍土地区地基基础防腐措施**

环境腐蚀等级	内部防腐措施						外部防腐措施		
	水泥品种	混凝土最低强度等级	最小水泥用量（kg/m³）	水灰比	保护层厚度	添加剂	干湿交替	湿	干
弱	普硅水泥、矿渣水泥	30～35	≥300	0.55	≥35	—	—	—	—
中	普硅水泥、矿渣水泥、抗硫酸盐水泥	40～45	330～360	0.45	≥40	阻锈剂、减水剂、密实剂、复合防腐剂	沥青、渗透类涂层	防水层	—

续表

环境腐蚀等级	内部防腐措施						外部防腐措施		
	水泥品种	混凝土最低强度等级	最小水泥用量（kg/m³）	水灰比	保护层厚度	添加剂	干湿交替	湿	干
强	普硅水泥、矿渣水泥、抗硫酸盐水泥	50	370～450	0.40	≥50	阻锈剂、减水剂、密实剂、复合防腐剂	沥青、渗透类涂层、树脂类涂层、玻璃钢、耐腐蚀板砖层	防水层	

9.5 冻土地基

9.5.1 冻土的分布及特性

冻土按冻结状态的持续时间，可分为短时冻土、季节性冻土和多年冻土三种类型。对工程影响较大的主要是季节性冻土和多年冻土。在我国，季节性冻土面积约占我国总面积的68%，主要分布在东北、华北、西北等高纬度地区，其中在大兴安岭、青藏高原及西部高山区还分布着多年冻土，这些地区表层都存在着一层冬冻夏融的冻-融层。

冻土较常规土体最大的区别是含水率的大小，而密实度是体现冻土与常规土体差异性的重要指标。因冻土密实度相对较低，土壤中存在较多的空隙，这些空隙使土壤中的水分有了聚集空间。在季节性冻土中，随着温度下降，土体中的未冻水会随着土体表层温度下降，使其向上层已冻结区域迁移并冻结，最终使土体中的大量自由水体冻结，该现象即为土体"冻胀"。该现象的发生将使得架设在冻土区的输电铁塔基础受到因冻结而产生切向冻胀力，严重影响着上部建筑物的稳定性。

9.5.2 多年冻土地区基础设计

多年冻土地区输电线路地基设计状态的选择，应考虑输电线路的运行和检修条件，以及冻土地基持力层工作状态等因素。在该地区输电杆塔定位时，宜选择融区、基岩出露地段和粗粒土分布地段，不宜将多年冻土用作杆塔地基。将多年冻土用作杆塔地基时，可采用下列两种状态之一进行设计。

（1）保持冻结状态：在施工和使用期间均保持地基土处于冻结状态。

（2）允许融化状态：地基中的多年冻土允许在施工和使用期间自然融化或预先融化。

多年冻土地区可根据输电线路设计类型、基础和上部结构的特点、冻土地基条件及所采用的设计状态，选用表 9-2 中的基础类型。具体输电杆塔基础形式如图 9-4 所示。

表 9-2　　　　　　　　　　　　　适用于多年冻土地区的主要基础类型

序号	基础类型	基础特点	适用地区
1	桩基础	对冻土地基热扰动较小，应用范围广，施工工艺成熟，需要大型施工机械，施工难度大，施工费用相对较高	适用于所有冻土地区。尤其是地下水位较高地区，高温高含冰率、强冻胀地区等。盐渍化冻土、强融沉地区可采用该类型基础

续表

序号	基础类型	基础特点	适用地区
2	锥柱基础 扩展基础 台阶基础	施工工艺简单，混凝土用量大，基础外表面容易采取减小切向冻胀力的辅助措施	适用于活动层较薄，便于开挖，地下水位埋藏较深地区。同等条件下，强冻胀、特强冻胀塔位优先采用锥柱基础
3	掏挖基础 挖孔基础	力学性能较好，抗拔、抗倾覆承载力强，基坑开挖量小，不需支模、回填，有利于环保	适用于丘陵、山地地形，地质条件较好，可人工成孔地区优先选用原状土基础
4	装配基础	强度较高，混凝土质量易保证。制造条件严格，运输成本高，需要运载和起重机械	适用于交通便利、便于机械作业，地基承载力高、地下水位埋藏较深的塔位

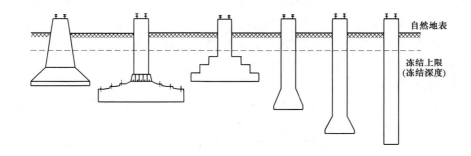

图 9-4　冻土区杆塔基础形式示意图

9.5.3　季节性冻土地区基础设计

1. 抗拔稳定性计算

对于季节性冻土地区的受拉基础，基础上拔力取冬季最大设计风荷载与标准冻结深度切向冻胀力组合值；对于受压基础，基础上拔力取无风、无冰、最低温时的标准冻结深度产生的切向冻胀力值；对浅埋基础，抗拔力取基础的自重力、上部结构的自重力以及冻土抗剪角以内的有效地基土重力之和；而对桩基础，抗拔力取基础与不冻土产生的摩阻力、上部结构自重力、基础有效自重力之和。

季节性冻土地区基础极限抗拔稳定性应满足以下要求，即

$$\gamma_f T \leqslant G_0 \tag{9-2}$$

式中：T 为冬季荷载上拔力，kN，对于悬垂直线型杆塔，$T = 0.6 T_T + \tau_0$，对于非直线杆塔，$T = T_T + \tau_0$；T_T 为基本风速对应的风荷载的 60%、线条张力的 100% 及永久荷载共同作用下产生的基础上拔力设计值，kN；τ_0 为标准冻结深度切向冻胀力极限设计值，kN；G_0 为抗拔力，kN；γ_f 为基础附加分项系数。

2. 季节性冻土地区地基选型

适用于季节性冻土地区的主要基础类型有开挖类基础、原状土基础和桩基础等。开挖类

基础宜采用台阶式基础、直柱扩展基础和预制装配式基础等；原状土基础宜采用掏挖基础、挖孔桩基础等；桩基础宜采用预制桩基础、灌注桩基础等。主要基础设计原则如下。

（1）标准冻深较小且位于地下水位以上的塔位，可选择侧向填砂处理。用基侧填砂来减小或消除切向冻张力是最简单有效的方法。对于冻深比较浅的塔位，基础埋深远超设计冻深，可采用常规直柱基础，基础立柱周围采用侧向填砂或者按考虑冻胀力后的基础作用力设计基础。

（2）基础作用力较小且不适合侧向填砂的塔位，应选择梯形斜面基础。侧面坡度≥1∶7为宜，基础侧面设计的斜面可消除切向冻胀力。但对于输电杆塔的基础作用力较大、基础埋深较深的情况，采用梯形截面的基础混凝土用量较大。

（3）位于低洼积水地区且无排水条件的杆塔，优先采用桩基础；在有排水条件的塔位，应做好相应的排水措施。

3. 防冻胀和防融沉措施

（1）防冻胀措施。

1）地基处理措施：非冻胀性材料换填天然地基冻胀性土，在冻土地基表面或基础四周设置隔热层，在基础底面和四周设置排水隔水措施，采用物理化学法改良土体冻胀性。

2）结构处理措施：适当减小基础与活动层内冻胀土的接触面积，对冻胀土基础的基础测表面进行处理，加大基础埋深，采用正梯形或锥形基础等形式。

（2）防融沉措施。

1）改变地基土融沉性措施：按照预先融化状态设计时，可进行预融和预固结；采用粗颗粒土换填富冰冻土和含土冰层，必要时可考虑人工加工地基；采用多填方少挖方的原则，选择对土扰动较小的基础形式，并减小开挖面暴露时间。

2）基础和结构处理措施：安装热桩、热棒等冷却装置，保持多年冻土层的冻结；在基础底板下设置隔热层，防止隔热层下多年冻土融化；采用遮阳措施，减少多年冻土的辐射和热量交换，增大地面冷却作用。

9.6　风积沙沙漠地区

9.6.1　沙漠地区基础选型

考虑到沙漠风积沙地质条件的特殊性，基础形式选择时不宜采用原状土基础，宜采用大开挖基础，比如直柱扩展基础、偏心直柱扩展基础、斜立柱扩展基础和装配式基础等。在设计时需根据工程的基础负荷特点，综合考虑所选塔位地形、地质、交通条件等因素，从经济性和施工条件方面多角度综合分析，选用合适的基础形式。基坑可采用机械辅助开挖，宜采用台阶式边坡和加挡土板相结合的支护方式，放坡角度宜根据工程经验来确定，当沙体含水率较大时，坡度可适当加大；当含水率较小时，坡度应适当放缓。

在基础拆模、基础安装经质量检查符合设计规定及质量标准后，应及时回填风积沙土，回填前应先排出坑内积水。应采取分层填实，每层厚度不大于 0.5m，填土至预定高度后应进行超填，最终填土面应超过设计标高 0.3m。

9.6.2　防风固沙措施

根据沙丘类型及塔位重要性，可按表 9-3 择防风固沙措施。

表 9-3　　　　　　　　　　　　　防风固沙措施

沙丘类型	塔位重要性	防风措施
移动沙丘	一般塔位	采用草方格（或尼龙网格）沙障固沙，基底沿 45°角冲切破坏锥体外延 2m 范围铺设；并应在迎风面一侧草方格前沿布置 35%～40%孔隙率的阻沙栅栏，其规格为 1m×1m，在阻沙栅栏前布置 2～3m 的草方格沙障
移动沙丘	重要塔位	除采用一般塔位的防风固沙措施外，还采用加筋复合地基对回填土进行处理
半移动沙丘	一般塔位	应用草方格（或尼龙网格）沙障固沙，基底沿 45°角冲切破坏锥体外延 2m 范围铺设；应在迎风面一侧草方格前沿布置 35%～40%孔隙率的阻沙栅栏，其规格为 1m×1m，在阻沙栅栏前布置 2～3m 的草方格沙障
半移动沙丘	重要塔位	除采用一般塔位的防风固沙措施外，宜采用加筋复合地基对回填土地基进行处理
固定沙丘	一般塔位	应用草方格（或尼龙网格）沙障固沙，基底沿 45°角冲切破坏锥体外延 1m 范围铺设
固定沙丘	重要塔位	应用草方格（或尼龙网格）沙障固沙，基底沿 45°角冲切破坏锥体外延 2m 范围铺设

9.7　采 动 影 响 区

随着国家电网建设的不断发展，输电线路路径不可避免要经过煤矿采动影响区。煤矿的大面积开采，必然会造成地表的不均匀沉降，从而对基础及上部结构产生附加作用力，造成输电铁塔的损害甚至破坏。在这些区域建设铁塔如果不采取有效措施，轻则可造成基础倾斜、杆塔变形，重则造成基础沉陷、杆塔倾倒，将严重威胁输电线路的安全运行。

9.7.1　采动影响区基础选型

采动影响区地基变形诱发的塔基位移主要有垂直位移、水平位移和倾斜位移。垂直位移与水平位移，可通过预留塔高、塔头间隙和铁塔荷载来解决，而地基的倾斜变形是造成基础不均匀沉降的主要原因，它可造成基础倾斜、弯曲、开裂甚至铁塔结构发生破坏。

采厚比是描述采动影响区地表稳定性评价的重要指标，定义为煤层的埋深与煤层厚度的比值。输电线路位于采动影响区时，根据不同的矿层厚度、采深采厚比和开采方式，可采用表 9-4 采动影响区输电线路基础处理措施。

表 9-4　　　　　　　　采动影响区输电线路基础处理措施

采深采厚比	基础处理措施	
	巷道式开采方式	长壁式开采方式
30～100	增加地脚螺栓外露长度＋钢筋混凝土板式基础＋防护大板	增加地脚螺栓外露长度＋钢筋混凝土板式基础＋防护大板

采深采厚比	基础处理措施	
	巷道式开采方式	长壁式开采方式
100～150	增加地脚螺栓外露长度＋钢筋混凝土板式基础	增加地脚螺栓外露长度＋钢筋混凝土板式基础＋防护大板
150～200	增加地脚螺栓外露长度	增加地脚螺栓外露长度＋钢筋混凝土板式基础
＞200		增加地脚螺栓外露长度

在采动影响区，通常采用联合大板基础，如图 9-5 所示。这种基础形式在一定程度上能够抵抗采动影响区垂直沉降、水平偏移和倾斜。基础与大板之间铺垫卵石加砂垫层，使基础与大板之间易于滑移，可以保证当地基发生一定程度不均匀沉降时，不会造成杆塔破坏，但不能保证基础根开不发生变化。采用直柱柔性基础并配合地脚螺栓与铁塔连接，当塔基稍有倾斜和位移时，可调整基础底板或塔脚板将塔身恢复就位。

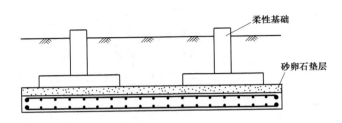

图 9-5　联合大板基础示意图

9.7.2　采动影响区地基处理措施

对于采深采厚比小于 30 的塔位，因其稳定性较差，易发生塔基失稳，不适宜立塔，需采用地基处理措施。处理采空区不良地基的方法，主要有两种：①选用合适的基础形式，使输电铁塔结构不受采空区不良地基影响；②改善不良地基的岩土工程性质，提高其抗压强度，使其满足上部附加应力对其强度、变形的要求。

煤矿采空区地基处理的方法是采用注浆法：在铁塔基础钻孔后，通过注浆管将水泥或水泥粉煤灰浆注入采空部位或塌陷层及上覆岩体裂隙中，浆液经过固化，胶结岩层裂隙带，同时采空区内的浆液形成的结石体对其上覆岩层形成支撑作用，保证地基稳定。

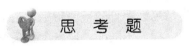 思 考 题

（扫一扫查看
参考答案）

1. 我国的区域性特殊土有哪些？这些特殊土各有什么特点？
2. 输电线路杆塔地基处理的意义和目的是什么？
3. 为什么软弱地基和不良地基需要地基处理？软土地基的处理方法有哪些？
4. 何为换土垫层法？其主要作用是什么？
5. 湿陷性黄土地区处理输电线路杆塔地基的措施有哪些？

6. 什么是盐渍土？盐渍土地区输电线路杆塔地基处理原则是什么？

7. 盐渍土地区输电线路杆塔基础保护及地基处理的措施有哪些？

8. 冻土有哪些分类？多年冻土地区输电线路基础设计的类型有哪些？分别适用于哪些地区？

9. 试简述沙漠地区防风固沙措施有哪些？

10. 采动影响区如何对输电线路杆塔基础进行处理？

附录 A　基础上拔、下压及倾覆稳定计算用表

　　基础上拔、下压及倾覆稳定计算时，应根据工程地质资料进行，当无资料时可以参照附表 A1～附表 A3 分别确定。

附表 A1　砂类土内摩擦角 $\varphi(°)$

土壤名称	密实度（孔隙比 e 小者取大值）		
	密实	中密	稍密
砾砂、粗砂	45°～40°	40°～35°	35°～30°
中砂	40°～35°	35°～30°	30°～25°
细砂、粉砂	35°～30°	30°～25°	25°～20°

附表 A2　黏性土及粉土黏聚力 $c(kN/m^2)$ 和内摩擦角 $\varphi(°)$

土壤名称	塑性指数（I_P）	抗剪强度指标	天然孔隙比（e）					
			0.6	0.7	0.8	0.9	1.0	1.1
粉土	3	c	18	10	—	—	—	—
		φ	31°	30°	—	—	—	—
	5	c	28	20	13			
		φ	28°	27°	26°			
	7	c	38	30	22			
		φ	25°	24°	23°			
	9	c	47	38	31	24		
		φ	22°	21°	20°	19°		
粉质黏土	11	c	54	45	38	31	24	—
		φ	20°	19°	18°	17°	15°	—
	13	c	59	51	43	36	30	—
		φ	18°	17°	16°	15°	13°	—
	15	c	62	55	48	41	34	27
		φ	16°	15°	14°	13°	11°	9°
	17	c	66	58	51	43	37	31
		φ	14°	13°	12°	11°	10°	8°
黏土	19	c	68	60	52	45	38	32
		φ	13°	12°	11°	10°	8°	6°

附表 A3　黏聚力 $c(kN/m^2)$ 和内摩擦角 $\varphi(°)$

按液性指数（I_L）分类	硬塑	可塑	软塑
$c(kN/m^2)$	40～50	30～40	20～30
φ	15°～10°	10°～5°	5°～0°

附录 B　地基岩土承载力特征值

地基承载力特征值应由工程地质资料提供，当无资料时可参照附表 B1～附表 B15 确定。

附表 B1　　　　　　　　　　岩石承载力特征值 f_{ak} 　　　　　　　　　　kPa

风化程度　岩石类别	强风化	中等风化	微风化
硬质岩石	500～1000	1500～2500	≥4000
软质岩石	200～500	700～1200	1500～2000

注　1. 对于微风化的硬质岩石，当其承载力大于 4000kPa 时，应由试验确定。
　　2. 对于强风化的岩石，当与残积土难以区分时按土考虑。

附表 B2　　　　　　　　　　碎石土承载力特征值 f_{ak} 　　　　　　　　　　kPa

密实度　土的名称	稍密	中密	密实
卵石	300～500	500～800	800～1000
碎石	250～400	400～700	700～900
圆砾	200～300	300～500	500～700
角砾	200～250	250～400	400～600

注　1. 该表适用于骨架颗粒孔隙全部由中砂、粗砂或硬塑、坚硬状态的黏性土或稍湿的粉土所填充。
　　2. 当粗颗粒为中等风化或强风化时，可按其风化程度适当降低承载力，当颗粒间呈半胶结状时，可适当提高承载力。

附表 B3　　　　　　　　　　粉土承载力特征值 f_{ak} 　　　　　　　　　　kPa

第一指标　孔隙比 \ 第二指标　含水率（%）	10	15	20	25	30	35	40
0.5	410	390	(365)				
0.6	310	300	280	(270)			
0.7	250	240	225	215	(205)		
0.8	200	190	180	170	(165)		
0.9	160	150	145	140	130	(125)	
1.0	130	125	120	115	110	105	(100)

注　1. 带括号数值仅供内插用。
　　2. 有湖、塘、沟、谷与河漫滩地段，新近沉积的粉土，工程性质一般较差，应根据当地经验取值。

附表 B4　　　　　　　　　　　黏性土承载力特征值 f_{ak}　　　　　　　　　　　　　kPa

第一指标　孔隙比 ＼ 第二指标　液性指数	0	0.25	0.50	0.75	1.00	1.20
0.5	475	430	390	(360)		
0.6	400	360	325	295	(265)	
0.7	325	295	265	240	210	
0.8	275	240	220	200	170	170
0.9	230	210	190	170	135	135
1.0	200	180	160	135	115	105
1.1		160	135	115	105	

注　1. 有括号者仅供内插用。

　　2. 有湖、塘、沟、谷与河漫滩地段，新近沉积的黏性土，其工程性质一般较差。第四纪晚更新世（Q3）及其以前沉积的老黏性土，其工程性能通常较好，这些土均应根据当地经验取值。

附表 B5　　　　　　　　沿海地区淤泥和淤泥质土承载力特征值 f_{ak}　　　　　　　　kPa

天然含水率（%）	36	40	45	50	55	65	75
承载力特征值	100	90	80	70	60	50	40

注　对于内陆淤泥和淤泥质土，可参照使用。

附表 B6　　　　　　　　　　　红黏土承载力特征值 f_{ak}　　　　　　　　　　　　　kPa

土的名称	第一指标　含水比 $B=\omega/\omega_L$ ＼ 第二指标　液塑比	0.5	0.6	0.7	0.8	0.9	1.0
红黏土	$I_r=\omega_L/\omega_P \leqslant 1.7$	380	270	210	180	150	140
	$I_r=\omega_L/\omega_P \geqslant 2.3$	280	200	160	130	110	100
次生红黏土		250	190	150	130	110	100

注　本附表仅适用于定义范围内的红黏土。

附表 B7　　　　　　　　　　　素填土承载力特征值 f_{ak}　　　　　　　　　　　　　kPa

压缩模量 $E_{S1\text{-}2}$	7	5	4	3	2
承载力特征值	160	135	115	85	65

注　本附表只适用于堆填时间超过 10 年的黏性土，以及超过 5 年的粉土。

附表 B8　　　　　　　　　　　砂土承载力特征值 f_{ak}　　　　　　　　　　　　　kPa

土类 ＼ 标准贯入试验锤击数 N	10	15	30	50
中粗砂	180	250	340	500
粉细砂	140	180	250	340

附表 B9　　　　　　　　　　　黏性土承载力特征值 f_{ak}　　　　　　　　　　　　　kPa

标准贯入试验锤击数 N	3	5	7	9	11	13	15	17	19	21	23
承载力特征值	105	145	190	235	280	325	370	430	515	600	680

附表 B10   黏性土承载力特征值 f_{ak} kPa

标准贯入试验锤击数 N_{10}	15	20	25	30
承载力特征值	105	145	190	230

附表 B11   素填土承载力特征值 f_{ak} kPa

标准贯入试验锤击数 N_{10}	10	20	30	40
承载力特征值	85	115	135	160

注 本附表只适用于黏性土与粉土组成的素填土。

附表 B12   压实填土地基承载力特征值 f_{ak} kPa

填土类别	压实系数 λ_c	承载力特征值
碎石、卵石	0.94～0.97	200～300
砂夹石（其中碎石、卵石占全重 30%～50%）		200～250
土夹石（其中碎石、卵石占全重 30%～50%）		150～200
粉质黏土（$8 \leqslant I_P < 14$）、粉土		130～180

附表 B13   花岗岩类残积土承载力特征值 f_{ak} kPa

标准贯入试验锤击数 N / 土类	4～10	10～15	15～20	20～30
砾质黏性土	(100)～180	250～300	300～350	350～(400)
砂纸黏性土	(80)～200	200～250	250～300	300～(350)
黏性土	150～200	200～240	240～(270)	—

注 1. 括号内的数值供内插用。

2. 当大于 2mm 颗粒直径大于或等于总质量的 20% 定为砾质黏性土，小于 20% 定为砂质黏性土，不含者为黏性土。

附表 B14   粗粒混合土承载力特征值 f_{ak} kPa

干密度	1.6	1.7	1.8	1.9	2.0	2.1	2.2	—
承载力特征值	170	200	240	300	380	480	620	—

附表 B15   细粒混合土承载力特征值 f_{ak} kPa

孔隙比	0.65	0.60	0.55	0.50	0.45	0.40	0.35	0.30
承载力特征值	190	200	210	230	250	270	320	400

附录 C 原状土基础"剪切法"抗拔计算参数表

λ	φ(°)	n=1			n=1.5			n=2			n=3			n=4		
		A_1	A_2	A_3	A_1	A_2	A_3	A_1	A_2	A_3	A_1	A_2	A_3	A_1	A_2	A_3
1.0	5	5.327	0.197	2.172	4.917	0.184	1.875	4.648	0.175	1.692	4.343	0.165	1.495	4.198	0.160	1.405
	10	5.684	0.416	2.293	5.164	0.381	1.960	4.829	0.359	1.758	4.454	0.334	1.542	4.277	0.322	1.445
	15	6.002	0.654	2.421	5.361	0.588	2.049	4.954	0.547	1.826	4.506	0.501	1.591	4.297	0.480	1.485
	20	6.272	0.909	2.559	5.498	0.801	2.143	5.016	0.735	1.896	4.495	0.663	1.640	4.256	0.630	1.525
	25	6.481	1.177	2.706	5.566	1.014	2.240	5.009	0.916	1.969	4.417	0.813	1.690	4.149	0.766	1.566
	30	6.618	1.453	2.865	5.557	1.221	2.343	4.926	1.086	2.044	4.270	0.945	1.740	3.978	0.883	1.607
	35	6.669	1.729	3.035	5.462	1.415	2.451	4.763	1.236	2.122	4.053	1.055	1.792	3.744	0.976	1.648
	40	6.620	1.999	3.219	5.273	1.589	2.563	4.517	1.361	2.202	3.769	1.137	1.843	3.449	1.041	1.689
	45	6.455	2.252	3.417	4.985	1.731	2.681	4.188	1.453	2.284	3.421	1.185	1.895	3.101	1.073	1.730
1.5	5	3.781	0.135	1.146	3.435	0.124	0.956	3.247	0.118	0.860	3.081	0.112	0.779	3.027	0.111	0.754
	10	3.993	0.281	1.211	3.574	0.254	1.002	3.349	0.239	0.896	3.154	0.226	0.808	3.090	0.222	0.781
	15	4.168	0.435	1.281	3.671	0.386	1.049	3.409	0.360	0.933	3.184	0.338	0.838	3.111	0.331	0.808
	20	4.297	0.595	1.354	3.720	0.518	1.097	3.422	0.478	0.971	3.168	0.444	0.867	3.087	0.434	0.835
	25	4.374	0.756	1.430	3.718	0.644	1.147	3.385	0.588	1.010	3.105	0.541	0.897	3.017	0.526	0.862
	30	4.391	0.913	1.511	3.659	0.761	1.199	3.295	0.686	1.049	2.994	0.625	0.928	2.900	0.605	0.890
	35	4.340	1.061	1.595	3.539	0.864	1.252	3.150	0.769	1.089	2.835	0.692	0.958	2.737	0.668	0.917
	40	4.214	1.195	1.684	3.358	0.948	1.306	2.952	0.832	1.129	2.629	0.739	0.988	2.529	0.710	0.945
	45	4.006	1.306	1.777	3.113	1.007	1.362	2.702	0.871	1.170	2.380	0.763	1.018	2.282	0.731	0.971
2.0	5	3.036	0.105	0.764	2.746	0.096	0.632	2.608	0.091	0.573	2.506	0.088	0.531	2.481	0.087	0.521
	10	3.196	0.217	0.811	2.853	0.195	0.664	2.691	0.185	0.600	2.574	0.177	0.554	2.545	0.176	0.544
	15	3.323	0.335	0.860	2.925	0.296	0.698	2.741	0.278	0.627	2.608	0.265	0.578	2.575	0.262	0.566
	20	3.411	0.454	0.911	2.959	0.395	0.733	2.752	0.368	0.656	2.605	0.349	0.602	2.569	0.345	0.589
	25	3.455	0.573	0.964	2.951	0.490	0.769	2.724	0.452	0.684	2.563	0.426	0.626	2.524	0.419	0.613
	30	3.448	0.686	1.019	2.896	0.575	0.805	2.652	0.526	0.714	2.482	0.492	0.651	2.440	0.484	0.636
	35	3.386	0.791	1.077	2.794	0.649	0.842	2.537	0.588	0.743	2.360	0.546	0.675	2.317	0.536	0.659
	40	3.263	0.881	1.137	2.642	0.707	0.880	2.379	0.634	0.773	2.199	0.584	0.700	2.156	0.572	0.683
	45	3.077	0.952	1.199	2.442	0.746	0.918	2.178	0.661	0.802	2.001	0.604	0.724	1.959	0.590	0.705
2.5	5	2.596	0.087	0.576	2.348	0.079	0.476	2.241	0.076	0.435	2.174	0.074	0.411	2.160	0.073	0.406
	10	2.731	0.180	0.613	2.442	0.162	0.502	2.319	0.154	0.458	2.241	0.149	0.431	2.226	0.148	0.426
	15	2.837	0.277	0.652	2.506	0.245	0.530	2.367	0.232	0.482	2.280	0.224	0.452	2.262	0.222	0.446
	20	2.908	0.375	0.692	2.537	0.327	0.558	2.383	0.307	0.505	2.286	0.295	0.473	2.268	0.292	0.467

续表

λ	φ(°)	n=1			n=1.5			n=2			n=3			n=4		
		A_1	A_2	A_3	A_1	A_2	A_3	A_1	A_2	A_3	A_1	A_2	A_3	A_1	A_2	A_3
2.5	25	2.941	0.471	0.734	2.531	0.404	0.587	2.363	0.377	0.530	2.260	0.360	0.495	2.239	0.357	0.488
	30	2.929	0.562	0.778	2.486	0.475	0.617	2.307	0.439	0.554	2.197	0.418	0.517	2.176	0.414	0.509
	35	2.870	0.645	0.823	2.399	0.535	0.647	2.213	0.491	0.579	2.099	0.464	0.538	2.077	0.459	0.531
	40	2.758	0.715	0.869	2.270	0.581	0.677	2.080	0.530	0.604	1.965	0.498	0.560	1.943	0.492	0.552
	45	2.592	0.768	0.917	2.099	0.612	0.708	1.911	0.552	0.629	1.798	0.517	0.582	1.776	0.510	0.573
3.0	5	2.306	0.076	0.466	2.089	0.069	0.387	2.004	0.066	0.357	1.955	0.064	0.341	1.947	0.064	0.338
	10	2.427	0.156	0.498	2.176	0.140	0.410	2.079	0.134	0.378	2.023	0.131	0.360	2.014	0.130	0.357
	15	2.521	0.239	0.531	2.237	0.212	0.434	2.127	0.202	0.399	2.066	0.196	0.379	2.056	0.195	0.376
	20	2.584	0.324	0.565	2.268	0.283	0.459	2.148	0.268	0.420	2.080	0.259	0.399	2.069	0.258	0.395
	25	2.613	0.406	0.601	2.267	0.351	0.484	2.136	0.330	0.442	2.064	0.318	0.419	2.052	0.316	0.415
	30	2.601	0.484	0.637	2.230	0.411	0.510	2.091	0.384	0.464	2.015	0.370	0.439	2.002	0.367	0.435
	35	2.546	0.554	0.675	2.155	0.463	0.536	2.012	0.430	0.486	1.933	0.412	0.459	1.920	0.409	0.455
	40	2.445	0.612	0.714	2.042	0.504	0.562	1.897	0.465	0.508	1.817	0.443	0.479	1.804	0.440	0.475
	45	2.296	0.656	0.754	1.891	0.530	0.589	1.748	0.486	0.531	1.670	0.461	0.499	1.657	0.458	0.494
3.5	5	2.100	0.067	0.396	1.908	0.061	0.330	1.837	0.059	0.308	1.801	0.058	0.296	1.796	0.058	0.295
	10	2.212	0.139	0.424	1.991	0.125	0.351	1.911	0.120	0.326	1.870	0.117	0.314	1.864	0.117	0.312
	15	2.299	0.213	0.453	2.051	0.190	0.373	1.961	0.181	0.346	1.915	0.177	0.332	1.909	0.176	0.330
	20	2.358	0.288	0.483	2.083	0.253	0.395	1.985	0.241	0.366	1.935	0.234	0.351	1.928	0.233	0.349
	25	2.385	0.361	0.515	2.085	0.313	0.418	1.980	0.297	0.386	1.926	0.288	0.370	1.918	0.287	0.367
	30	2.375	0.430	0.547	2.055	0.368	0.442	1.943	0.346	0.406	1.887	0.336	0.389	1.879	0.334	0.386
	35	2.325	0.491	0.580	1.990	0.415	0.465	1.875	0.388	0.427	1.817	0.375	0.408	1.808	0.373	0.405
	40	2.232	0.543	0.615	1.889	0.451	0.489	1.773	0.420	0.448	1.714	0.405	0.427	1.706	0.403	0.424
	45	2.096	0.581	0.649	1.753	0.475	0.513	1.638	0.440	0.468	1.581	0.423	0.446	1.573	0.420	0.443

注 n 为抗拔土体滑动面形态参数，随土体的物理学特性变化而异，可根据试验确定。黏性土宜取 $n=4$，沙土类宜取 $n=2\sim3$，戈壁滩碎石土宜取 $n=1.0\sim1.5$。

附录 D　石材底盘、拉线盘和卡盘的常用规格

附表 D1　底盘常用规格

型号	构件尺寸（m）		质量（kg）	容许轴心压力（kN）
	b	d		
0.6	0.6	0.16	140	208
0.8	0.8	0.18	280	263
1.0	1.0	0.22	530	393
1.2	1.2	0.24	830	468
1.4	1.4	0.25	1180	508

注　附表中容许轴心压力系按构件强度的计算值。

附表 D2　拉线盘常用规格

型号	构件尺寸（m）			D(m)	质量（kg）	U形螺栓质量（kg）	容许拉力（kN）
	l	b	d				
0.6	0.6	0.4	0.14	0.2	100	3.5	50.9
0.8	0.8	0.5	0.20	0.2	250	3.5	73.4
1.0	1.0	0.6	0.22	0.2	350	3.5	107.2
1.2	1.2	0.6	0.22	0.4	450	5.6	85.7
1.4	1.4	0.7	0.25	0.4	700	5.6	110.8
1.6	1.6	0.8	0.25	0.4	900	5.6	110.7

注　1. 附表中容许拉力系按构件强度的计算值。
　　2. D 为 U 形螺栓开口尺寸。

附表 D3　卡盘常用规格

型号	构件尺寸（m）			杆径（m）	质量（kg）	抱箍质量（kg）	容许力（kN）
	l	b	d				
0.8	0.8	0.3	0.25	0.45/0.53	170	4.6/5.1	95
1.0	1.0	0.3	0.25	0.45/0.53	210	4.6/5.1	76
1.2	1.2	0.4	0.25	0.45/0.53	340	4.6/5.1	84
1.4	1.4	0.4	0.30	0.45/0.53	470	4.6/5.1	104
1.6	1.6	0.4	0.30	0.45/0.53	540	4.6/5.1	91
1.8	1.8	0.4	0.30	0.45/0.53	700	4.6/5.1	81

附录 E 地脚螺栓的有效面积及强度设计值

附表 E1 　　　　　　　　　　　　　地脚螺栓有效面积

地脚螺栓规格	M20	M22	M24	M27	M30	M33	M36	M39	M42	M45
有效面积 A_e（mm²）	245	303	353	459	561	694	817	976	1121	1306
地脚螺栓规格	M48	M52	M56	M60	M64	M68	M72	M80	M90	M100
有效面积 A_e（mm²）	1473	1758	2030	2362	2676	3055	3460	4344	5591	6995

附表 E2 　　　　　　　　　　　　　地脚螺栓的强度设计值

种类	抗拉强度设计值 f_g（N/mm²）
Q235	160
Q345	205
35 号优质碳素钢	190
45 号优质碳素钢	215
40Cr 合金钢	260
42CrMo 合金钢	310

注　45 号优质碳素钢因易断、焊接困难等原因，应慎用，当采用时，应采取相应的热处理措施；40Cr、42CrMo 材质的地脚螺栓需进行调质处理。

附录 F 钢筋的公称截面直径、计算截面面积及理论质量

附表 F1　　　　　　　　　**钢筋的计算截面面积及理论质量**

公称直径 (mm)	不同根数钢筋的计算截面面积（mm²）									单级销筋理论质量 (kg/m)
	1	2	3	4	5	6	7	8	9	
6	28.3	56.5	84.8	113.1	141.4	169.6	197.9	226.2	254.5	0.222
8	50.3	100.5	150.8	201.1	251.3	301.6	351.9	402.1	452.4	0.395
10	78.5	157.1	235.6	314.2	392.7	471.2	549.8	628.3	706.9	0.617
12	113.1	226.2	339.3	452.4	565.5	678.6	791.7	904.8	1017.9	0.888
14	153.9	307.9	461.8	615.8	769.7	923.6	1077.6	1231.5	1385.4	1.208
16	201.1	402.1	603.2	804.2	1005.3	1206.4	1407.4	1608.5	1809.6	1.578
18	254.5	508.9	763.4	1017.9	1272.3	1526.8	1781.3	2035.8	2290.2	1.997
20	314.2	628.3	942.5	1256.6	1570.8	1885.0	2199.1	2513.3	2827.4	2.466
22	380.1	760.2	1140.4	1520.5	1900.7	2280.8	2660.9	3041.1	3421.2	2.984
25	490.9	981.7	1472.6	1963.5	2454.4	2945.2	3436.1	3927.0	4417.9	3.853
28	615.8	1231.5	1847.3	2463.0	3078.8	3694.5	4310.3	4926.0	5541.8	4.833
32	804.2	1608.5	2412.7	3217.0	4021.2	4825.5	5629.7	6434.0	7238.2	6.313
36	1017.9	2035.8	3053.6	4071.5	5089.4	6107.3	7125.1	8143.0	9160.9	7.990
40	1256.6	2513.3	3769.9	5026.5	6283.2	7539.8	8796.5	10053.1	11309.7	9.864
50	1963.5	3927.0	5890.5	7854.0	9817.5	11781.0	13744.5	15708.0	17671.5	15.413

参 考 文 献

[1] 赵光泰. 架空输电线路杆塔普通基础设计 [M]. 北京：中国电力出版社，2017.

[2] 中国电力工程顾问集团有限公司，中国能源建设集团规划设计有限公司. 电力工程设计手册：架空输电线路设计 [M]. 北京：中国电力出版社，2019.

[3] 陈祥和，刘在国，肖琦. 输电杆塔及基础设计（第三版）[M]. 北京：中国电力出版社，2020.

[4] 刘树堂. 输电杆塔结构及其基础设计 [M]. 北京：中国水利水电出版社，2008.

[5] 尤志国，杨志军. 土力学与基础工程 [M]. 北京：清华大学出版社，2019.

[6] 国家能源局. 架空输电线路基础设计规程（DL/T 5219—2023）[S]. 北京：中国计划出版社，2023.

[7] 国家电网有限公司. 架空输电线路螺旋锚基础设计技术规范（Q/GDW 10584—2018）[S]. 北京：中国电力出版社，2019.

[8] 国家能源局. 架空输电线路锚杆基础设计规程（DL/T 5544—2018）[S]. 北京：中国计划出版社，2018.

[9] 中国建筑科学研究院. 建筑地基基础设计规范（GB 50007—2011）[S]. 北京：中国建筑工业出版社，2011.

[10] 张新春，韩春雨，白云灿，等. 叶片可伸缩钢管螺旋桩结构的承载特性及设计方法 [J]. 中国工程机械学报，2018，16（2）：130-135.

[11] 张新春，韩春雨，白云灿，等. 螺旋桩承载特性受桩体几何结构影响的试验研究 [J]. 结构工程师，2019，35（2）：178-183.

[12] 张新春，白云灿，何泽群，等. 砂土中螺旋锚基础水平振动特性的模型试验研究 [J]. 应用力学学报，2020，37（2）：601-606.

[13] 何泽群，张新春，朱昂. 砂土中螺旋锚上拔承载力与安装扭矩之间的关系研究 [J]. 应用力学学报，2020，37（5）：1894－1899＋2312.

[14] 国家能源局. 沙漠地区输电线路杆塔基础工程技术规范（DL/T 5755—2017）[S]. 北京：中国电力出版社，2018.

[15] 国家能源局. 冻土地区架空输电线路基础设计技术规程（DL/T 5501—2015）[S]. 北京：中国计划出版社，2015.

[16] 鲁先龙，程永峰. 我国输电线路基础工程现状与展望 [J]. 电力建设，2005，26（11）：25-27.

[17] 郑卫锋，张天光，陈大斌，等. 我国输电线路基础工程现状与研究新进展 [J]. 水利与建筑工程学报，2020，18（2）：169-175.

[18] 张新春，王璋奇，欧健. 基于输电线路拉线地锚结构的优化设计研究 [J]. 电网与清洁能源，2014，30（12）：10-14.